T0074332

ARENA2036

Reihe herausgegeben von
ARENA2036 e. V., Stuttgart, Deutschland

Die Buchreihe dokumentiert die Ergebnisse eines ambitionierten Forschungsprojektes im Automobilbau. Ziel des Projekts ist die Entwicklung einer nachhaltigen Industrie 4.0 und die Realisierung eines Technologiewandels, der individuelle Mobilität mit niedrigem Energieverbrauch basierend auf neuartigen Produktionskonzepten realisiert. Den Schlüssel liefern wandlungsfähige Produktionsformen für den intelligenten, funktionsintegrierten, multimaterialen Leichtbau. Nachhaltigkeit, Sicherheit, Komfort, Individualität und Innovation werden als Einheit gedacht.

Wissenschaftler verschiedener Disziplinen arbeiten mit Experten und Entscheidungsträgern aus der Wirtschaft auf Augenhöhe zusammen. Gemeinsam arbeiten sie unter einem Dach und entwickeln das Automobil der Zukunft in der Industrie 4.0.

Weitere Bände in der Reihe http://www.springer.com/series/16199

Max Hoßfeld · Clemens Ackermann
(Hrsg.)

Leichtbau durch
Funktionsintegration

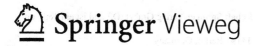

Hrsg.
Max Hoßfeld
ARENA2036 e. V.
Stuttgart, Deutschland

Clemens Ackermann
ARENA2036 e. V.
Stuttgart, Deutschland

ISSN 2524-7247   ISSN 2524-7255   (electronic)
ARENA2036
ISBN 978-3-662-59822-1   ISBN 978-3-662-59823-8   (eBook)
https://doi.org/10.1007/978-3-662-59823-8

Die Deutsche Nationalbibliothek verzeichnet diese Publikation in der Deutschen Nationalbibliografie; detaillierte bibliografische Daten sind im Internet über http://dnb.d-nb.de abrufbar.

Verantwortlich im Verlag: Markus Braun
Springer Vieweg ist ein Imprint der eingetragenen Gesellschaft Springer-Verlag GmbH, DE und ist ein Teil von Springer Nature.
Die Anschrift der Gesellschaft ist: Heidelberger Platz 3, 14197 Berlin, Germany

Dieses Forschungs- und Entwicklungsprojekt wurde mit Mitteln des Bundesministeriums für Bildung und Forschung (BMBF) im Rahmen des Forschungscampus ARENA2036 (Verbundprojekt LeiFu, Förderkennzeichen 02PQ5000 bis 02PQ5005) gefördert und vom Projektträger Karlsruhe (PTKA-PFT) betreut.

Der Bericht stellt die Ergebnisse aus dem Verbundprojekt vor. Die Verantwortung für den Inhalt dieser Veröffentlichung liegt bei den Autoren.

Kurzfassung

Leichtbau durch Funktionsintegration bietet als systemischer Ansatz großes Potenzial die Gewichtsspirale im Fahrzeugbau zu durchbrechen und den heutigen Herausforderungen im Kontext des Klimawandels und globaler CO_2-Ziele, der Ressourceneffizienz und der Nachhaltigkeit zu begegnen. Dabei bieten insbesondere faserverstärkte Kunststoffe (FVK) aufgrund ihres spezifischen Aufbaus und ihrer Herstellungsprozesse – über die reine Gewichtsreduktion im Sinne des Werkstoffleichtbaus hinaus – hervorragende Möglichkeiten zur Integration zusätzlicher Funktionen. Dabei können Gewichtsreduktionspotenziale sowohl durch die direkte Integration von Funktionen in Strukturbauteile als auch durch die Erschließung sekundärer Leichtbaupotenziale realisiert werden. Die größte Herausforderung für die Funktionalisierung von FVK-Strukturbauteilen besteht in diesem Kontext derzeit in der effizienten, industriell umsetzbaren Integration von Funktionen in die Bauteile selbst und der parallelen Entwicklung prozesssicherer, automatisierter und wirtschaftlicher Fertigungsprozesse.

Das in dieser Veröffentlichung vorgestellte Projekt „LeiFu – Intelligenter Leichtbau durch Funktionsintegration" hatte daher zum Ziel, auf Basis von Funktionsintegration neue Ansätze zum Durchbrechen der Gewichtsspirale im Bereich Automobil zu schaffen und dabei die besonderen Potenziale von faserverstärkten Kunststoffen zu erschließen. Die Umsetzung erfolgt dabei im Hinblick auf die automobile Großserie derart, dass durch die kostensparenden Effekte der Funktionsintegration etwaige Mehrkosten des Gesamtsystems durch den vergleichsweisen teuren FVK-Einsatz möglichst vermieden werden.

Die Veröffentlichung zeichnet den Weg von der Ermittlung der Anforderungen an ein automobiles Realbauteil über die Entwicklung und Bewertung von Ansätzen zur Funktionalisierung hin zu Konzeptentwicklung und zur Umsetzungsphase nach. Hierfür werden zunächst Funktionalitäten entwickelt und deren Integrationsmöglichkeit anhand verschiedener Einzelfunktionsdemonstratoren nachgewiesen. In Teilaufbauten werden mechanische Funktionen (z. B. Crash, NVH), thermische Funktionen (z. B. Heizung, Isolation), sensorische Funktionen (z. B. Structural Health Monitoring, Detektion von Flüssigkeitsaustritt) sowie elektrische Funktionen (z. B. berührungsloses Laden) integriert. Basierend auf Technologiebewertungen und funktionalen Tests werden diese in einem funktionsintegrierten Bodenmodul zusammengeführt.

Im Anschluss an die Integration der Einzeltechnologien in das Bodenmodul wurde dieses im Hinblick auf Funktion, Gewicht, Kosten und Herstellbarkeit weiter optimiert. Simultan erfolgten hierzu Optimierungen der Einzeltechnologien hinsichtlich des Gesamtsystems. Zentrale Punkte waren hierbei eine weitere Gewichtsreduzierung, eine Optimierung von Festigkeit und Steifigkeit im Hinblick auf das eingesetzte Werkstoffvolumen wie etwa durch gewichtsoptimale Wanddickenverteilung und durch Lastpfadoptimierungen sowie die Faseroberflächenoptimierung.

Das Ergebnis von LeiFu sind erprobte, hochfunktionsintegrierte und großserientaugliche FVK-Leichtbaustrukturen. Im Vergleich zur funktional gleichwertigen Referenzstruktur mit 74 Teilen bei 113,2 kg Gesamtgewicht, kann der LeiFu-Boden eine signifikante Gewichts- und Telezahlreduktion verzeichnen. Die finale Struktur wiegt 70,5 kg bei 28 Teilen. Dies entspricht einer Gewichtseinsparung von 38 % bei einer gleichzeitigen Reduzierung der Teilezahl von 62 %.

Inhaltsverzeichnis

Herausgeber- und Autorenverzeichnis

Über die Herausgeber

Dr. Max Hoßfeld ARENA2036 e. V., Stuttgart, Deutschland

Dr. Clemens Ackermann ARENA2036 e. V., Stuttgart, Deutschland

Autorenverzeichnis

Dr. Clemens Ackermann ARENA2036 e. V., Stuttgart, Deutschland

Dr. Karim Bharoun Robert Bosch GmbH (Bosch), Renningen, Deutschland

Dr. Klaus Fürderer Daimler AG, Böblingen, Deutschland

Maximilian Hardt Daimler AG, Böblingen, Deutschland

Dr. Max Hoßfeld ARENA2036 e. V., Stuttgart, Deutschland

Gundolf Kopp Deutsches Zentrum für Luft- und Raumfahrt (DLR), Stuttgart, Deutschland

Daniel Michaelis Institut für Flugzeugbau (IFB), Universität Stuttgart, Stuttgart, Deutschland

Prof. Peter Middendorf Institut für Flugzeugbau (IFB), Universität Stuttgart, Stuttgart, Deutschland

Sebastian Vohrer Deutsches Zentrum für Luft- und Raumfahrt (DLR), Stuttgart, Deutschland

Stefan Zuleger Institut für Flugzeugbau (IFB), Universität Stuttgart, Stuttgart, Deutschland

Abkürzungsverzeichnis

AP	Arbeitspaket
ARENA2036	Active Research Environment for the Next Generation of Automobiles
BEV	Battery Electric Vehicle
BMBF	Bundesministerium für Bildung und Forschung
CAE	Computer-aided engineering
CAFAS	Carbonfaser-Sensorik
CAx	Computer-Aided x
CFK	Kohlenstofffaserverstärkter Kunststoff
DigitPro	Ganzheitlicher Digitaler Prototyp für die Großserienproduktion
DVS	Deutscher Verband für Schweißen und verwandte Verfahren e. V.
FEM	Finite Element Methode
ForschFab	Forschungsfabrik: Produktion der Zukunft
FVK	Faserverbundkunststoffe
GMT	Glas-Matten-Thermoplaste
KHoch3	Kreativität – Kooperation – Kompetenztransfer
KTL	Kathodische Tauchlackierung
LCA	Life Cycle Assessment
LCI	Life Cycle Inventory
LeiFu	Intelligenter Leichtbau durch Funktionsintegration
LFT	Langfaser-Thermoplaste
NVH	Noise, Vibration, Harshness
OEM	Original Equipment Manufacturer
ORW	Open Reed Weaving
PU/PUR	Polyurethan
PVDF	Polyvinylidenfluorid
RIM	Reaction Injection Moulding
RTM	Resin Transfer Molding
SMC	Sheet Mold Compound
TFP	Tailored Fiber Placement

TP   Teilprojekt
VAP   Vacuum Assisted Process
VARI   Vacuum Assisted Resin Infusion
VDA   Verband der Automobilindustrie

Abbildungsverzeichnis

Tabellenverzeichnis

Der Forschungscampus ARENA2036

1

Max Hoßfeld und Clemens Ackermann

ARENA2036 ist Teil der Forschungscampusinitiative des Bundesministeriums für Bildung und Forschung (BMBF) und als solcher Teil der Erprobung einer neuartigen, strategischen Forschungsstruktur in Deutschland (Abb. 1.1).

Ziel von ARENA2036 ist, basierend auf exzellenter, interdisziplinärer Grundlagen- und Anwendungsforschung potenziell disruptive und Sprunginnovationen hervorzubringen, diese schnell in industrielle Anwendungen zu transferieren und so einen Beitrag zur aktiven Ausgestaltung von Arbeit, Mobilität und Produktion der Zukunft im Kontext der Digitalisierung zu leisten. Der direkte Transfer der Forschungsergebnisse in die industrielle Anwendung soll die Wettbewerbsfähigkeit des Wirtschaftsstandorts Deutschland steigern und dabei neue Geschäftsmodelle auch für kleinere und mittlere Unternehmen (KMU) hervorbringen. Wesentlicher Baustein hierfür ist der interdisziplinäre Ansatz verschiedener Wissenschaftsfelder.

Um diese Ziele zu erreichen, arbeiten die ARENA2036-Partner nach dem Prinzip „industry on campus" in einer zielorientierten und kreativen Partnerschaft auf Augenhöhe gemeinsam unter einem Dach, rekombinieren komplementäre Kompetenzen und denken Grundlagenforschung, Technologietransfer und Anwendung kooperativ und vor allem neu.

Ende 2017 konnte hierfür an der Universität Stuttgart die 10.000 m² große ARENA2036-Forschungsfabrik bezogen werden, welche Proximität und Vernetzung nun an einem gemeinsamen Ort ermöglicht und als Basis der Forschungscampuskultur dient.

M. Hoßfeld (✉) · C. Ackermann
ARENA2036 e. V., Stuttgart, Deutschland
E-Mail: Max.hossfeld@arena2036.de

C. Ackermann
E-Mail: Clemens.ackermann@arena2036.de

© Springer-Verlag GmbH Deutschland, ein Teil von Springer Nature 2020   1
M. Hoßfeld und C. Ackermann (Hrsg.), *Leichtbau durch Funktionsintegration,*
ARENA2036, https://doi.org/10.1007/978-3-662-59823-8_1

Abb. 1.1 ARENA2036-Forschungsfabrik am Campus der Universität Stuttgart (Brigida Gonzáles)

2013 mit 7 Partner und vier Verbundprojekten gestartet, forschen heute über 30 Partner aus Wissenschaft und Industrie gemeinsam an den Themen Produktion, Mobilität, Arbeit der Zukunft und Digitalisierung. Seit Gründung der ARENA2036 wurden insgesamt etwas über 100 kooperative Projekte initiiert, deren Ergebnisse sowohl in die Lehre als auch zu den Industriepartnern transferiert werden.

Die Förderung der Forschungscampi ist vom BMBF in drei Phasen von je fünf Jahren unterteilt. Dieses Phasenmodell bietet eine langfristige Perspektive und ermöglicht eine kontinuierliche Weiterentwicklung – und ggf. Anpassung – der Forschungsstrategie. ARENA2036 untergliedert die vorgegebenen 15 Jahre in 1) den Aufbau der Forschungsfabrik sowie des Partner- und Projektportfolios, 2) die Etablierung der Forschungslandschaft sowie die Stabilisierung der Zusammenarbeit und 3) die Schaffung einer selbsttragenden Forschungsinfrastruktur, welche es ermöglicht die Vision2036 jenseits der öffentlichen Förderung weiter zu verfolgen.

Im Folgenden werden die Ergebnisse des Phase I-Projekts *Intelligenter Leichtbau durch Funktionsintegration* (LeiFu) vorgestellt. Das vorliegende Buch ist Teil einer Reihe, die neben LeiFu auch die weiteren Forschungsprojekte der ersten Phase umfasst.

Die Projekte *Ganzheitlicher digitaler Prototyp für die Großserienproduktion* (Digit-Pro), *Forschungsfabrik: Produktion der Zukunft* (ForschFab) und die Begleitforschung *Kreativität – Kooperation – Kompetenztransfer* (KHoch3) werden dementsprechend in jeweils eigenen Bänden der Buchreihe besprochen.

Während die drei ingenieurswissenschaftlichen Projekte der ersten Phase zwar technische Schnittstellen aufweisen, wurden diese während der Laufzeit dennoch hauptsächlich durch die Begleitforschung miteinander verknüpft. Die Projekte der zweiten Phase wurden nun bewusst als Plattformprojekte konzipiert, sodass es vielfache Schnittstellen gibt, die einerseits die Kooperation stärken und andererseits Synergieeffekte erzeugen, die wiederum Rekombinationen von Projektergebnissen zulassen. Des Weiteren können neu identifizierte komplementäre Kompetenzen und Partner während der Laufzeit effizient integriert werden. Die Verbundprojekte der zweiten Phase greifen vollumfänglich die Ergebnisse der ersten Phase auf und entwickeln diese weiter. Sie orientieren sich dabei an den genannten strategischen Säulen der ARENA2036 – Mobilität, Digitalisierung, Arbeit der Zukunft und Produktion. Die Projekte der zweiten Phase sind:

- **FlexCAR** – FlexCAR ist eine offene, modulare Fahrzeugplattform für die Mobilität der Zukunft. Das Konzept hebt sich dabei von bisherigen Plattformkonzepten durch die vollständige Öffnung und Zugänglichmachung aller Soft- und Hardwareschnittstellen für Anbieter und dadurch auch die vollständige Entkopplung der Entwicklungszyklen von Einzelkomponenten und Fahrzeuggesamtsystem ab. Hierdurch können Fahrzeuge kontinuierlich und dezentral weiterentwickelt werden und werden permanent update- und upgradefähig. Durch die aktiv auftretenden Anbieter ergeben sich einerseits gänzlich neue Geschäftsmodelle, andererseits transformiert sich die Zulieferpyramide hin zu einem dynamischen Wertschöpfungsnetzwerk wobei sich die Tätigkeit des heutigen Integrators hin zum Plattformanbieter und hin zur Konfiguration wandelt.
- **Digitaler Fingerabdruck** – Zentrales Ziel des Digitalen Fingerabdrucks ist die Weiterentwicklung von Bauteilen zu Industrie 4.0-Komponenten und damit einhergehend die Schaffung einer Basis für eine intelligente Wertschöpfungskette. Der Mehrwert eines Bauteil-Individuums liegt dabei in der Möglichkeit, Fertigungsprozesse individuell und dynamisch zu konfigurieren, hierdurch ein hohes Maß an Flexibilität zu gewährleisten und Bauteile zu jedem Zeitpunkt ihres Lebenszyklus wie etwa während der Nutzungsphase bewerten zu können. Der Mehrwert für einen Bauteiltyp wird durch eine Flotte individuell identifizierbarer Bauteile erreicht, wodurch etwa direkt Rückschlüsse aus realen Belastungsfällen oder Herstellprozessen gezogen und systematisch Design-Änderungen abgeleitet sowie Prozesse und Bauteile automatisiert weiterentwickelt werden können.
- **Agiler InnovationsHub** – der Agile InnovationsHub avisiert die Implementierung sowohl eines virtuellen als auch eines physischen Raums zur methodischen Unterstützung und Beschleunigung von interdisziplinären und transorganisatorischen

Zusammenarbeits- und Innovationsprozessen. Zentral sind hierbei die kooperative Innovationskultur, eine intelligente Visualisierungskultur und eine lernprozess-orientierte Wissenskultur.

- **Fluide Produktion** – Die Fluide Produktion hat zum Ziel, ein menschzentriertes, cyberphysisches Produktionskonzept zu entwerfen und zu implementieren. Hier-für werden alle Produktionsmittel in ortsflexible, d. h. fluide, Fertigungsmodule auf-gebrochen, um so dynamisch virtuelle Maschinen bilden zu können wobei die übliche Trennung zwischen Wertschöpfung und Logistik entfällt. Das Ergebnis ist ein neu-artiges Produktionssystem, welches mit minimalen Festlegungen auskommt und Ent-scheidungen direkt bis kurz vor dem den eigentlichen Wertschöpfungsbedarf flexibel ermöglicht.

Leichtbau durch Funktionsintegration

2

Max Hoßfeld

Ziel des Leichtbaus als Konstruktionsphilosophie ist die Ressourcenschonung über den gesamten Produktlebenszyklus hinweg, beginnend mit der Reduzierung des zur Erfüllung der Bauteilfunktionen eingesetzten Werkstoffvolumens über die Verminderung der Aufwendungen für Fertigung und Montage bis hin zur Reduktion der Kosten für Nutzung, Unterhalt und der Möglichkeiten einer weiteren Verwertung. Eine besondere Rolle kommt dem Leichtbau bei bewegten oder häufig beschleunigten Massen wie etwa Flugzeugen, Schienen- oder insbesondere Straßenfahrzeugen zu. In diesen Bereichen können durch Leichtbauweisen direkt Verbesserungen von Schlüsselkriterien wie etwa Nutzlast und Leistungsgewicht, Verbrauch und Emissionen oder Verschleiß erreicht werden (Abb. 2.1).

Leichtbau erfolgt heutzutage weitestgehend durch die Kombination zweier Ansätze: einerseits durch den *konstruktiven* Leichtbau, der etwa durch eine gleichmäßige Ausnutzung des Werkstoffvolumens, angepasste Steifigkeiten und Vermeidung von Kerben den Materialeinsatz reduziert, andererseits durch den *Werkstoffleichtbau,* der vorhandene Werkstoffe durch solche mit höheren spezifischen Eigenschaften wie etwa höhere spezifische Steifig- oder Festigkeiten ersetzt und so Gewichtseinsparungen möglich macht. Darüber hinaus besteht mit dem *Systemleichtbau* ein Ansatz, der ein System wie etwa eine Baugruppe in seiner Gesamtfunktionalität betrachtet und durch die Kombination verschiedener Maßnahmen oder Funktionsintegration als Ganzes optimiert. Dies kann beispielsweise eine Aufhebung der Funktionstrennung oder eine Übertragung von Funktionen zwischen den einzelnen Komponenten jedoch auch eine Gewichts- oder Komplexitätserhöhung einer Einzelkomponente zugunsten einer Verbesserung des Systems bedingen.

M. Hoßfeld (✉)
ARENA2036 e.V., Stuttgart, Deutschland
E-Mail: Max.hossfeld@arena2036.de

© Springer-Verlag GmbH Deutschland, ein Teil von Springer Nature 2020
M. Hoßfeld und C. Ackermann (Hrsg.), *Leichtbau durch Funktionsintegration,*
ARENA2036, https://doi.org/10.1007/978-3-662-59823-8_2

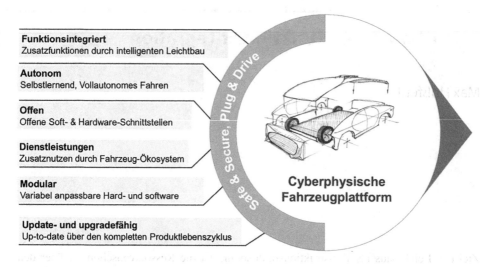

Abb. 2.1 Die Ergebnisse des Projekts LeiFu bilden die Grundlage für weiterführende Forschungsarbeiten am Forschungscampus ARENA2036; u. a. im Verbundprojekt FlexCAR. (Quelle: Fahrzeugskizze: DLR)

2.1   Das Projekt LeiFu

LeiFu – „Intelligenter Leichtbau durch Funktionsintegration" – startete als BMBF-gefördertes Verbundprojekt der ersten Phase des Forschungscampus ARENA2036 im Juli 2013 und wurde im Juni 2018 abgeschlossen.

Die treibende Motivation des Projekts leitete sich aus den seit Jahrzehnten zunehmenden Fahrzeuggewichten und den sich hierdurch verschärfenden Herausforderungen speziell im Kontext des Klimawandels und der globalen CO_2-Ziele, der Ressourceneffizienz und der Nachhaltigkeit ab. Dies gilt nicht nur für die derzeit noch dominierenden Automobile mit Verbrennungsmotoren, sondern auch insbesondere für alternative Antriebskonzepte wie etwa Elektromobilität mit gegenwärtig etwa einem Kilogramm benötigtem Batteriegewicht pro Kilometer Reichweite. Hinzu kommen derzeit für die Elektromobilität verschiedene Umweltaspekte wie etwa bei der Förderung seltener Erden – z. B. Lithium, Nickel, Mangan oder Kobalt – sowie bei Herstellung und Recycling der Energiespeicher des Fahrzeugs.

Systemische Ansätze – wie Leichtbau durch Funktionsintegration – bieten verschiedene Möglichkeiten dieses Spannungsfeld zwischen Ressourcenverbräuchen, Herstellaufwenden und zunehmender Komponentenkomplexität aufzulösen.

Dabei bieten insbesondere faserverstärkte Kunststoffe (FVK) aufgrund ihres spezifischen Aufbaus und ihrer Herstellungsprozesse – über die reine Gewichtsreduktion im Sinne des Werkstoffleichtbaus hinaus – hervorragende Möglichkeiten zur Integration zusätzlicher Funktionen. So können Gewichtsreduktionspotenziale durch die direkte Integration von Funktionen in Strukturbauteile sowie durch die Erschließung sekundärer Leichtbaupotenziale realisiert werden. Die größte Herausforderung für die Funktionalisierung von FVK-Strukturbauteilen besteht in diesem Kontext derzeit in der effizienten Integration von Funktionen in die Bauteile selbst und der parallelen Entwicklung prozesssicherer, automatisierter und wirtschaftlicher Fertigungsprozesse.

Ziel des Projekts LeiFu war es daher, auf Basis von Funktionsintegration und faserverstärkten Kunststoffen neue Ansätze zum Durchbrechen der Gewichtsspirale im Bereich Automobil zu schaffen und dabei die besonderen Potenziale von faserverstärkten Kunststoffen zu untersuchen und zu erschließen. Die Umsetzung sollte dabei im Hinblick auf die automobile Großserie derart erfolgen, dass durch die kostensparenden Effekte der Funktionsintegration etwaige Mehrkosten des Gesamtsystems durch den vergleichsweisen teuren FVK-Einsatz möglichst vermieden werden. Hierdurch sollte direkt eine deutliche Reduktion des Verhältnisses von Mehrkosten zu eingespartem Gewicht resultieren, welche in der Regel für die Realisierung von Leichtbaumaßnahmen letztendlich ausschlaggebend ist.

Ein weiterer Schwerpunkt der Arbeiten lag aus diesem Grund auf der Betrachtung des gesamten Produktlebenszyklus und der Entwicklung anwendungsorientierter Methoden. Hierdurch sollten Entwicklungszeiten und Integrationsaufwände verringert, die Herstellbarkeit und die Nutzung der Eigenschaften von FVK verbessert und somit die Leichtbaupotenziale nachhaltig erschlossen werden. Zum Nachweis und zur Bewertung der Machbarkeit sollte eine anwendungsnahe, exemplarische Umsetzung anhand real integrierbarer Leichtbaustrukturmodulen erfolgen.

Das Verbundprojekt LeiFu bündelte zur Erreichung dieser Ziele die Kompetenzen folgender Konsortialpartner:

- Universität Stuttgart, Institut für Flugzeugbau (IFB)
- Deutsche Institute für Textil- und Faserforschung, Institut für Textilchemie und Chemiefasern (ITCF) und Institut für Textil- und Verfahrenstechnik (ITV)
- Robert Bosch GmbH
- Deutsches Zentrum für Luft- und Raumfahrt
- BASF SE
- Daimler AG

Jeder einzelne Partner trug substanziell zum Gelingen des Forschungsvorhabens bei, sowie zu den global formulierten Zielen der initialen Forschungscampusstrategie von ARENA2036 bei: Reduzierung von Kosten, Gewicht, Komplexität und Entwicklungszeiten sowie Verbesserung der Herstellbarkeit und die Vernetzung zwischen verschiedenen Fachdisziplinen, wie auch Forschung und Anwendung.

2.2   Aufbau, Vorgehen und Ergebnisse

Max Hoßfeld und Clemens Ackermann

Das Verbundprojekt LeiFu gliedert sich in vier Teilprojekte (TP) sowie dazugehörige Unterarbeitspakete (AP). Diese wurden wie in Abb. 2.2 dargestellt in enger Zusammenarbeit mit den ARENA2036-Projekten „DigitPro" und „ForschFab" durchgeführt. Die Arbeitspakete wurden jeweils durch einen Partner verantwortlich geleitet, die Bearbeitung erfolgte in Kooperation durch mehrere Partner.

Die Projektkoordination in **Teilprojekt 0** umfasste die Planung, Abstimmung und Aktualisierung des Rahmenplans sowie die Planung und Abstimmung innerhalb des Forschungscampus. Dem Teilpaket AP 0 unterlag die Steuerung des gesamten LeiFu-Forschungsprojekts. Dazu wurden kontinuierlich die geplanten Meilensteine überwacht, der Zeitplan getrackt und fortlaufend aktualisiert. Ferner wurde der Informationsaustausch zwischen den Projektpartnern koordiniert und im Rahmen der Öffentlichkeitsarbeit die Veröffentlichungen gesteuert.

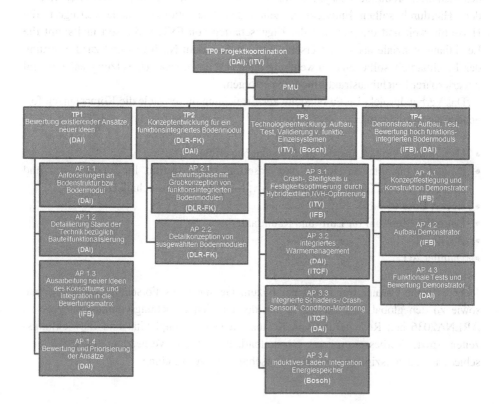

Abb. 2.2 Projektstruktur LeiFu

In **Teilprojekt 1** wurden bereits bei den Partnern und außerhalb des Konsortiums existierende Ansätze und auch neue Ideen zur Funktionsintegration systematisch erfasst und mit den spezifizierten Anforderungen eines PKW-Bodenmoduls verglichen. Die Technologien wurden bewertet und priorisiert. In TP1 wurden einerseits die weiter zu untersuchenden Einzeltechnologien für TP3 festgelegt und anderseits ein erster Entwurf erstellt, welche Funktionen bei der Konzepterstellung des Bodenmoduls in TP2 berücksichtigt werden sollen.

Auf dieser Basis befasste sich **Teilprojekt 2** mit der Konzeptentwicklung für funktionsintegrierte Strukturen am Beispiel des PKW-Bodenmoduls. Die erarbeiteten Konzepte wurden hinsichtlich Funktionalität, Gewicht, Kosten, LCA/Recycling und Großserientauglichkeit bewertet. In diesem TP wurde das Konzept für den in TP4 aufzubauenden Funktionsdemonstrator erstellt.

In **Teilprojekt 3** wurden die in TP1 festgelegten Einzeltechnologien zur Integration struktureller, thermischer, sensorischer und elektrischer Funktionen (weiter-)entwickelt. Funktionale Einzelsysteme wurden aufgebaut, getestet und validiert. Die in TP3 entwickelten Einzeltechnologien wurden soweit technologisch zielführend beim Aufbau des Demonstrators in TP4 berücksichtigt.

In **Teilprojekt 4** wurde auf Basis der Konzeptentwicklung von TP2 der Demonstrator konstruktiv festgelegt und unter Berücksichtigung der Crash-Anforderungen optimiert. Die verschiedenen Einzeltechnologien aus TP3 wurden zusammengeführt und ein multifunktionales PKW-Bodenmodul inkl. Multifunktionsmulde als Demonstrator aufgebaut. Die Einzeltechnologien wurden validiert und bewertet. Zudem wurde eine Kostenanalyse der Fertigungsprozesskette durchgeführt.

Vorgehen
Über die gesamte Projektdauer hinweg wurden anwendungsorientierte Grundlagen zur Integration von strukturellen, thermischen, sensorischen und elektrischen Einzelfunktionen erarbeitet. Der Schwerpunkt wurde zunächst auf überwiegend passive und sensorische Funktionen gelegt. Die Entwicklung von Simulationsmethoden zur Vorhersage der Eigenschaften von funktionsintegrierten Modulen sowie die Entwicklung von entsprechenden Produktionsverfahren waren Inhalte der ARENA2036-Forschungsbereiche „Simulation und digitaler Prototyp" und „Produktion und Forschungsfabrik". An diesen Stellen wurde ein Transfer über die Projektgrenzen hinweg gewährleistet.

In der Weiterführung der grundlegenden Untersuchungen war das Ziel, allgemeingültige Gestaltungs- und Konstruktionsprinzipien für funktionsintegrierte FVK-Bauteile abzuleiten, die auch komplexe Wechselwirkungen und Zielkonflikte zwischen verschiedenen Funktionen berücksichtigen. Die Schnittstellen bzw. die Anbindungen zu den Nachbarmodulen wurden dabei ebenfalls berücksichtigt. Zu entwickeln waren hierfür neue Konzepte für eine komplexe, multidisziplinäre Optimierung und Bewertung sowie neue Konzepte der interdisziplinären Zusammenarbeit. Die Vorgehensweise zur Integration mehrerer Einzelfunktionen wird am Beispiel eines „intelligenten" PKW-Bodenmoduls mit Zusatzfunktionen in Faserverbundbauweise konzeptionell, konstruktiv und methodisch entwickelt und erprobt.

Die wissenschaftlichen und technischen Arbeitsziele lassen sich dabei wie folgt unterteilen:

1. **Entwicklung von integrierbaren (Einzel-)Funktionen:**
   Identifikation, Erforschung und Weiterentwicklung von innovativen Materialien, Prinzipien und Konzepten, welche geeignet sind, strukturelle, thermische, sensorische oder elektrische Funktionen in Faserverbundwerkstoffen zu integrieren. Nach erfolgter Technologie-Priorisierung werden Schwerpunkte und Ziele für eine gezielte Weiterentwicklung von ausgewählten Einzelfunktionen festgelegt. Diese werden dann zunächst weitgehend unabhängig von anderen Funktionen innerhalb der Projektlaufzeit bis zur Prinziptauglichkeit entwickelt. In Abhängigkeit von den zu integrierenden Funktionen können bestehende Konzepte weiterentwickelt oder müssen völlig neue Wege eingeschlagen werden. Entwicklungsziel für alle Funktionen ist die Prinziptauglichkeit. Der Nachweis eben dieser erfolgt durch umfangreiche funktionsspezifische Tests anhand von Funktionsdemonstratoren.

2. **Integration verschiedener Einzelfunktionen zu einem Gesamtmodul:**
   Die Integration verschiedener Einzelfunktionen wird am Beispiel eines hochintegrierten Bodenmoduls konzeptionell, konstruktiv und methodisch entwickelt sowie experimentell in Form eines Demonstrator-Bauteils dargestellt und getestet. Es werden verallgemeinerbare Gestaltungsregeln und Konstruktionsprinzipien abgeleitet.

Bei einer deutlich steigenden Integrationstiefe sind mögliche Wechselwirkungen zwischen unterschiedlichen Funktionen intensiv zu untersuchen und zu bewerten, unter anderem:

- Herstellbarkeit und Einbau der Module, Schnittstellen und Anbindungen zur Umgebung und LCA/Recycling sind bereits während der konzeptionellen Auslegung zu berücksichtigen. Hieraus sollen Regeln zur produktionsgerechten Produktgestaltung abgeleitet werden.
- Entwicklung neuer Arbeitsmodelle und Bewertungsmethoden für eine multidisziplinäre Optimierung hinsichtlich Funktionen, Gewicht, Kosten und Herstellbarkeit.

Die angestrebten Kosteneffekte werden primär durch die Funktionsintegration und die damit verbundene Reduzierung der Anzahl von Einzelbauteilen erreicht, bzw. mit den damit verbundenen Auswirkungen auf Logistik, Montage etc. Weitere erhebliche Kostensenkungspotenziale, insbesondere durch produktionstechnische Aspekte wie etwa der Entfall der Lackierstraße (KTL-Beschichtung und Decklack) können dann realisiert werden, wenn durch weitere funktionsintegrierte FVK-Module oder durch angepasste (Kunststoff-)Außenhautkonzepte eine komplette Oberflächenhandlung der Fahrzeugstruktur nicht mehr erforderlich ist.

Die Funktionsintegration in (FVK-)Bauteile kann auf mehreren Ebenen erfolgen:

- über die Fasern (z. B. Sensorfasern, Heizdrähte, aktorische Fasern)
- über die textilen Halbzeuge (z. B. Crash-optimierte Hybridtextilien)
- über die Matrixwerkstoffe (z. B. optimierte Netzwerkstrukturen für höhere Schadenstoleranz, minimierter Werkstoffeinsatz unter Dauerbelastung sowie erhöhter Energieaufnahme und damit verbessertem Crashverhalten)

Über die Integration anderer Werkstoffe oder Substrukturen (z. B. Erhöhung der Steifigkeit und Energieaufnahme durch Schäume/Waben)

- über eine funktionsoptimierte Form/Bauteilgeometrie (z. B. Lüftungskanäle, Gehäuse, Flüssigkeitsbehälter)
- über die Integration von funktionalen Subsystemen (z. B. Kabelsätze, Masseleitungen, Energiespeicher, Aktuatoren, elektromechanische Antriebe)

Die Funktionen lassen sich ferner unterscheiden in:

- passive und sensorische Funktionen (z. B. Schall- oder Wärmedämmung, Sensoren zur Erkennung von Schäden, Flüssigkeitsspeicher), sowie in
- adaptive und aktive Funktionen (z. B. aktive Crashelemente, veränderliche Steifigkeit durch Piezofasern, aktive Schwingungsdämpfung)

Ergebnis

Das Ergebnis des LeiFu-Verbundprojekts sind erprobte, hochfunktionsintegrierte FVK-Leichtbaustrukturen. Die Funktionsintegration wurde zunächst an verschiedenen Einzelfunktionsdemonstratoren nachgewiesen. In Teilaufbauten wurden mechanische Funktionen (z. B. Crash, NVH), thermische Funktionen (z. B. Heizung, Isolation), sensorische Funktionen (z. B. Structural Health Monitoring, Detektion von Flüssigkeitsaustritt) sowie elektrische Funktionen (z. B. berührungsloses Laden) integriert. Die Erkenntnisse aus den Einzelfunktionsdemonstratoren wurden in der Fertigung eines PKW-Bodenmodul-Demonstrators gebündelt (siehe Abb. 2.3). Damit wurde nachgewiesen, dass multifunktionale FVK-Strukturbauteile mit hoher Qualität, angepasst an eine hochgradig wandlungsfähige Produktion, gefertigt werden können. Somit können die Erfahrungen und Bauweisen-Entwicklungen direkt bei den beteiligten Partnerfirmen in verschiedenen Kombinationen genutzt und kommerzialisiert werden.

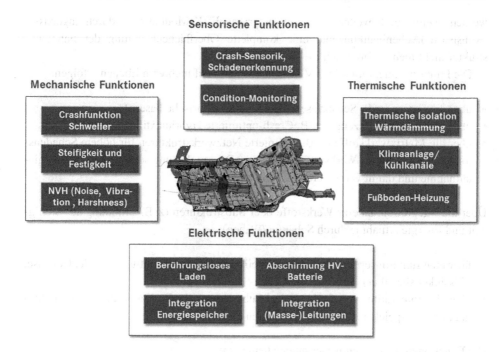

Abb. 2.3 Integration der verschiedenen Einzeltechnologien im multifunktionalen PKW-Boden-modul

Bewertung existierender Ansätze und neuer Ideen zur Funktionalisierung

3

Stefan Zuleger

Dieses Kapitel definiert zunächst Untersuchungsgegenstand und -umfang des Projekts LeiFu. Nach einer Beschreibung der Bodenstruktur und deren Aufbau werden die funktionellen, geometrischen und Schnittstellenanforderungen definiert und Integrationspotenziale untersucht. Basierend auf diesen Ergebnissen erfolgt die Ausarbeitung neuer Ideen und eine Bewertung und Priorisierung verschiedener Ansätze der Funktionsintegration.

3.1 Anforderungen an Bodenstruktur bzw. Bodenmodul

Das Bodenmodul setzt sich aus drei Submodulen zusammen (Hauptboden, Heckboden und Multifunktionsmulde), wobei der Schwerpunkt im Rahmen des LeiFu-Projektes auf das Hauptbodenmodul gelegt wurde. Der Umfang des Bodenmoduls wurde gemeinsam mit Partnern aus den ARENA2036-Projekten DigitPro und ForschFab festgelegt. Der im Projekt betrachtete Umfang ist im Bodenmodulumfang Abb. 3.1 dargestellt. Im Anschluss an die Abgrenzung wurden anhand einer aktuellen PKW-Bodenstruktur die Anforderungsbereiche an das Bodenmodul definiert. Als Grundlage dient das Serienfahrzeug Mercedes S-Klasse als Plug-In Hybrid (Baureihe V222), welches neben verbrennungstechnischen auch elektrische Antriebskomponenten umfasst (siehe Abb. 3.2).

Die Anforderungen an das Bodenmodul sind in drei Hauptkategorien unterteilt, die wiederum in mehrere Unterbereiche gegliedert werden (siehe Abb. 3.3). Unter „Funktionen" sind die funktionellen Anforderungen an die Bodenstruktur aufgeführt. Die

S. Zuleger (✉)
Institut für Flugzeugbau (IFB), Universität Stuttgart, Stuttgart, Deutschland
E-Mail: info@ifb.uni-stuttgart.de

© Springer-Verlag GmbH Deutschland, ein Teil von Springer Nature 2020
M. Hoßfeld und C. Ackermann (Hrsg.), *Leichtbau durch Funktionsintegration,*
ARENA2036, https://doi.org/10.1007/978-3-662-59823-8_3

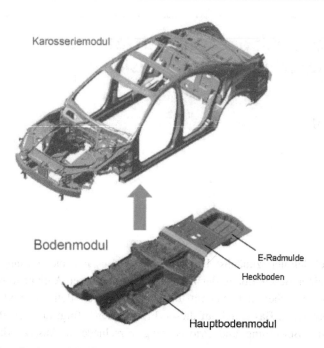

Abb. 3.1 Umfang Bodenmodul. (Quelle: Daimler)

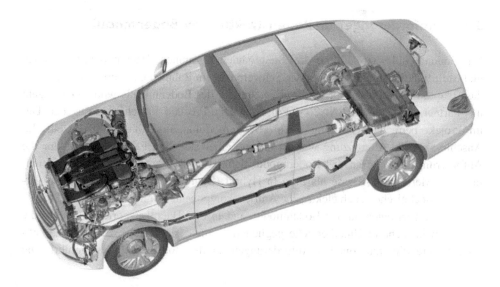

Abb. 3.2 Basisfahrzeug Mercedes S-Klasse Plug-In Hybrid. (Quelle: Daimler)

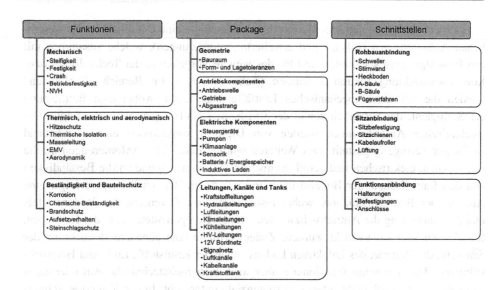

Abb. 3.3 Anforderungsbereiche Bodenmodul. (Quelle: Daimler)

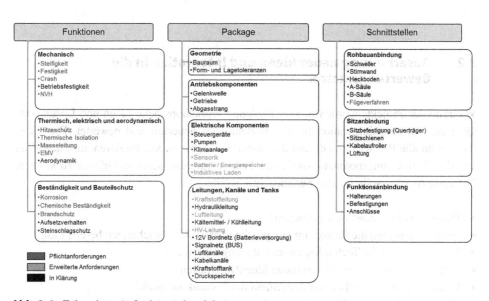

Abb. 3.4 Fokussierte Anforderungsbereiche

Kategorie „Package" beschreibt bauraumtechnische Anforderungen an das Modul bzw. die dort angeordneten Komponenten. In der dritten Hauptkategorie sind die Schnittstellenanforderungen aufgelistet.

Nach der Definition der Anforderungsbereiche erfolgte eine Detaillierung der wesentlichen Anforderungen (Pflicht- und erweiterte Anforderungen), welche zusammen mit den Projektpartnern spezifiziert und für das weitere Vorgehen in der Technologie- bzw. Konzeptentwicklung fokussiert wurden (siehe Abb. 3.4). Im Bereich „Funktionen" wurden die relevanten mechanischen Lastfälle abgestimmt, wobei eine Betrachtung der Steifigkeit, der Festigkeit sowie der Crash- und NVH-Eigenschaften erfolgte. Die mechanischen Anforderungen werden von DigitPro konkretisiert und anschließend LeiFu zur Verfügung gestellt. Des Weiteren wurden detaillierte Anforderungen an die thermischen, elektrischen und aerodynamischen Funktionen sowie an die Beständigkeit und den Bauteilschutz der Bodenstruktur formuliert. Im Bereich Package erfolgte eine Analyse der Bauraumsituation, wobei insbesondere die Geometrie des Bodenmoduls und die Anordnung der Antriebs- bzw. elektrischen Komponenten sowie der Leitungen, Kanäle und Tanks untersucht wurden. Zudem erfolgte eine genauere Betrachtung der Sensorik, der Batterie, des induktiven Ladens sowie der Kraftstoff-, Luft- und Hochvoltleitungen. Dabei wurden funktionelle aber auch sicherheitstechnische Anforderungen definiert und zugleich erste Integrationspotenziale untersucht. In der Kategorie Schnittstellen erfolgte eine Analyse der Systemgrenzen zu den Nachbarmodulen. Es wurden besonders die Fügestellen betrachtet und erste Ansätze für mögliche Fügeverfahren diskutiert.

3.2 Ausarbeitung neuer Ideen und Integration in die Bewertungsmatrix

Während des Projekts wurden in verschiedenen Workshops neue Ideen und Lösungsansätze zur Funktionsintegration für das Bodenmodul generiert und bewertet. Die Ideen wurden an alle Partner gesandt, um die besten Konzepte zu identifizieren, auszuarbeiten und das Realisierungspotenzial sowie den Entwicklungsaufwand abschätzen zu können. Folgende Aspekte sollten dabei berücksichtig werden:

- Was kann die Technologie erreichen?
- Wo bzw. wie sind die Partner im entsprechenden Technologiebereich bereits tätig?
- Wie lassen sich die Technologien im Fahrzeug einsetzen?
- Welche Alternativen existieren (neue Ideen/Konkurrenz)?
- Ist eine Kombinierbarkeit mit dem Stand der Technik möglich?
- Welche Technologien/Methoden wurden im Stand der Technik identifiziert?
- Wie bzw. wo lassen sich die Ansätze in den definierten Anforderungsbereichen einordnen?

Neben der Generierung und Ausarbeitung neuer Ideen wurde eine prinzipielle Bewertungsmethodik vorgestellt und mit den Partnern diskutiert. Der Stand der Technik, die adaptierbaren Technologien und die neu generierten Lösungsansätze werden jeweils mittels eines Filters reduziert. Die gefilterten Lösungen werden nachfolgend unter Verwendung der formulierten Anforderungen hinsichtlich ihrer Technologie bewertet (Priorisierung 1). Im Anschluss erfolgte eine Kostenabschätzung, wodurch sich die Priorisierung zweiter Stufe ergibt.

3.3 Bewertung und Priorisierung der Ansätze

Im Rahmen von LeiFu wurden durch verschiedene Workshops die erarbeiteten Ergebnisse zum Stand der Technik und die neuen Ideen kategorisiert, ausgewertet und von den Projektpartnern gewichtet (Abb. 3.5).

In einem ersten Schritt erfolgte eine Umfrage zum aktuellen Stand der Technik in den Partner-Unternehmen (siehe Abb. 3.6).

Im nächsten Schritt erfolgte aus 29 gesammelten Ideen eine partnerspezifische Punktebewertung (1–5) und anschließende Mittelwertbildung (siehe Abb. 3.7). Das Auswahlkriterium war hier: Durchschnitt der Bewertung ≥3,2. Daraus entstanden 15 Ideen zum Stand der Technik zur Funktionsintegration.

Im Bereich „Neue Ideen zur Funktionsintegration" in LeiFu wurden alle Projektpartner mithilfe einer Umfrage zu den neuen Ideen abgefragt. Die Ideen wurden aus den Kategorien Funktionalität, Package und Schnittstellen sowie Toleranzen gesammelt. Die Umfrage ergab ursprünglich knapp 70 Ideen zur Funktionsintegration. Diese wurden im nächsten Schritt anhand einer partnerspezifischen Punktebewertung (1–5) und anschließenden Mittelwertbildung bewertet. Das Auswahlkriterium war hier: Durchschnitt der

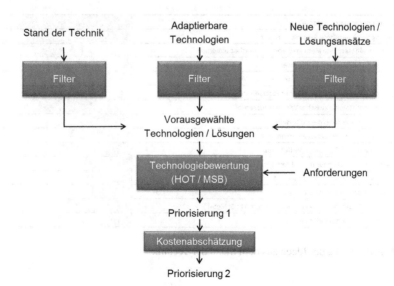

Abb. 3.5 Bewertungsmethodik der Ideen zur Funktionsintegration. (Quelle: Daimler)

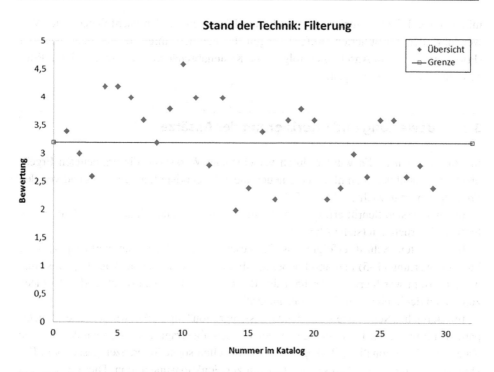

Abb. 3.6 Stand der Technik Umfrage Projektpartner- Filterung der Ideen

Ideen   Mittelwerte aus Gruppenbewertung

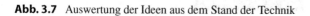

Ideen
Modifikation polymerer Matrixsysteme
Crashoptimierung durch getuftete Sandwichstrukturen
Integration von Metallfasern und Metallgeweben zur Crashoptimierung
Integration von Energieabsorptionselementen
EMV-Abschirmung in CFK mittels Hybridstrukturen (z.B. Metall)
Struktur-Monitoring mittels piezoelektrischer Fasersensorik
Struktur-Monitoring mittels elektrischer Widerstandssensorik
Integration von Sensorfasern bei der Pultrusion
Struktur-Monitoring mittels optischer Fasersensorik
Crashoptimierung durch Umflechten/Überflechten
Passive Sicherheit mittels peripherer Beschleunigungssensorik
Klimatisierung durch integrierte Flächenheizung
Carbonfasern als elektrischer Leiter und Sensor
Masseleitung in CFK-Strukturen mittels Hybridstrukturen (z.B. Metall)
Integration schwingungsdämpfender Textilien

Abb. 3.7 Auswertung der Ideen aus dem Stand der Technik

Ideen   **Mittelwerte aus Gruppenbewertung**

Optimierung der mechanischen Eigenschaften durch geeignete geometrische Gestaltung	
Lastpfadgerechte Faserorientierung	
Organoblech als Sekundärstruktur	
Crashoptimierte Hybridtextilien	
Realisierung von Anbindungen mittels Spritzguss-Bauteilen	
Kompensation von Komponenten-Gehäuse durch Bauteilstruktur	
Gestaltung von komplexen funktionalen Bauelementen mittels ORW/Jacquardt	
Schlagschutz durch Elastomer-Beschichtung	
Rissüberwachung mittels Fasersensorik	
Variable thermische Isolation	
Basalt-Fasern als Hitzeschutz	
Sensorik zur Überwachung der Struktur und des Herstellungsprozesses	
Packaging von Antriebskomponenten in Sandwichstruktur (Erhöhung der Modularität)	
Klimatisierung Batterie	
Crash-Strukturen für Seitencrash	

Abb. 3.8   Auswertung der neuen Ideen aus dem Konsortium

Bewertung ≥3,83. Daraus entstanden 15 neue Ideen zur Funktionsintegration, welche in Abb. 3.8 aufgelistet sind.

Die detailliert erarbeiteten Resultate „Anforderungskatalog", „Stand der Technik" und „neuen Ideen zur Funktionsintegration" bilden die Entscheidungsbasis für die Bewertung und Priorisierung der Entwicklungsansätze im Projekt. Die Technologien für die Funktionsintegration sind somit priorisiert und Schwerpunkte für die Weiterentwicklung von Einzelfunktionen festgelegt. Damit sind die Funktionsintegrationselemente für die Konzeptentwicklung, die Technologieentwicklungen sowie das Vorgehen für den späteren Aufbau des Demonstrators festgelegt.

Konzeptentwicklung für ein funktionsintegriertes Bodenmodul

Sebastian Vohrer und Gundolf Kopp

In der Literatur sind zahlreiche Vorgehensweisen und Ablaufpläne zur Entwicklung technischer Produkte bekannt. Laut Kopp (2015) liegt den gängigen Vorgehensweisen (z. B. nach Roth 2000; Pahl/Beitz 2013; VDI2221 1993; Rodenacker 1984; Koller 1998) eine gemeinsame Vorgehenslogik zugrunde. Diese kann nach Pahl/Beitz in vier grundlegende Phasen gegliedert werden: „(Aufgabe) Klären", „Konzipieren", „Entwerfen" und „Ausarbeiten" (Feldhusen und Grote 2013).

Für die hier beschriebene Konzeptentwicklung eines funktionsintegrierten Bodenmoduls innerhalb des Projektes LeiFu wird das Vorgehen in Anlehnung daran in eine Planungsphase zur Aufgabenformulierung, eine Konzeptphase zur Konzeptionierung prinzipieller Lösungen, eine Entwurfsphase zur geometrischen und werkstofftechnischen Gestaltung sowie eine Ausarbeitungsphase im Hinblick auf fertigungstechnische Aspekte aufgeteilt.

Anknüpfend an die Planungsphase mit der Erstellung des Anforderungskataloges aus Abschn. 3.1, werden die beiden folgenden Phasen weiter detailliert und beschrieben:

- Konzeptphase:
  Skizzierung von Grobkonzepten, erste Konzeptkonstruktionen und Vorauslegungen zur Bewertung der Eigenschaften, erste Vorbewertung von Herstellbarkeiten und Funktionserfüllung
- Entwurfsphase:
  Auskonstruktion ausgewählter Konzepte, Dimensionierung mittels CAx-Methoden, Bewertung Herstellbarkeiten, mechanische Eigenschaften (Statisch, NVH, Crash), Wirtschaftlichkeit und Ökobilanz.

S. Vohrer (✉) · G. Kopp
Deutsches Zentrum für Luft- und Raumfahrt (DLR), Stuttgart, Deutschland
E-Mail: gundolf.kopp@dlr.de

© Springer-Verlag GmbH Deutschland, ein Teil von Springer Nature 2020
M. Hoßfeld und C. Ackermann (Hrsg.), *Leichtbau durch Funktionsintegration,*
ARENA2036, https://doi.org/10.1007/978-3-662-59823-8_4

In diese Phasen lassen sich zahlreiche Entwicklungsmethoden und -werkzeuge zur Prinzip- und Lösungsfindung einordnen. Hier ist beispielsweise die Arbeit mit Konstruktionskatalogen, Formblättern, Checklisten oder CAx-Methoden zu nennen. Für die Bewertung und Auswahl geeigneter Lösungsansätze werden dabei gängige Bewertungs- und Entscheidungsmethoden wie Nutzwertanalyse (Kühnapfel 2014) oder paarweiser Vergleich (Ehrlenspiel und Meerkamm 2017) herangezogen.

Die Ausarbeitungsphase mit der Erstellung von Fertigungsunterlagen und dem Aufbau des Bodenmoduls werden in Kap. 6 näher behandelt.

4.1   Konzeptphase

Die Vorgehensweise innerhalb der Konzeptphase knüpft direkt an die erarbeiteten Ergebnisse der Planungsphase mit dem Anforderungskatalog an das Bodenmodul an und ist selbst in vier Schritte gegliedert (siehe Abb. 4.1). Diese orientieren sich an einzelnen Schritten des verallgemeinerten Problemlösungsprozesses der VDI-Richtlinie 2221:

1. Analyse des Ist-Standes und Funktionsanalyse (vgl. VDI2221: „Ermitteln von Funktionen und Strukturen")
2. Aufteilung in Teilsysteme (vgl. VDI2221: „Gliedern in realisierbare Module")
3. Erstellung von Lösungen zu Teilsystemen (vgl. VDI2221: „Suche nach Lösungsprinzipien und deren Strukturen")
4. Vorbewertung und Auswahl für die Entwurfsphase.

In Schritt 1 werden aufbauend auf dem Anforderungskatalog aus Abschn. 3.1 eine ergänzende Bestandsaufnahme der aktuellen Einbausituation und lokaler Schnittstellen bestehender Komponenten und Funktionen sowie zur Verfügung stehende Bauräume durchgeführt. In Schritt 2 wird zur Reduktion der Komplexität die Konzepterstellung in einzelne Teilkonzeptbereiche gegliedert, für welche jeweils Einzellösungen erzeugt und ausgewählt werden können. Für diese Teilbereiche werden anschließend in den Schritten 3 und 4 Lösungsvarianten skizziert und bewertet, welche in geeigneter Kombination zu Gesamtkonzepten zusammengeführt werden können.

4.1.1   Analyse der Ist-Situation und Einzelanforderungen

Aus den vorausgehenden Arbeitspaketen steht ein Anforderungskatalog zur Verfügung, der die Beschreibung der einzelnen Funktionsgruppen hinsichtlich ihrer Funktion im Fahrzeug beinhaltet. Ergänzend zur dieser grundlegenden Funktionsbeschreibung findet im ersten Schritt eine Konkretisierung der geometrischen Beschreibung anhand einer Analyse der Ist-Situation der Komponenten und Bauräume im gewählten Referenzfahrzeug statt.

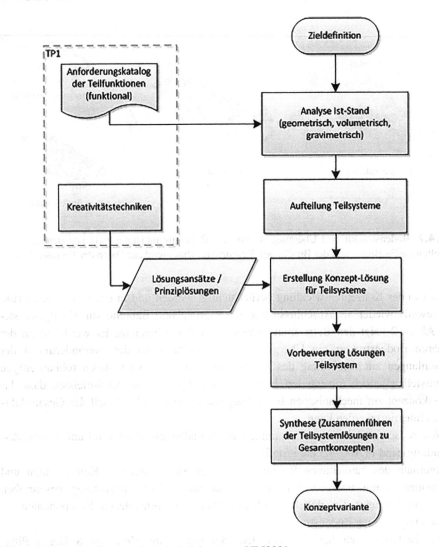

Abb. 4.1 Vorgehen Konzeptphase in Anlehnung an VDI2221

Für die im Konzeptentwurf nötigen Randbedingungen hinsichtlich Package und Schnittstellen werden zunächst die Bauraumgrenzen sowie Fixpunkte definiert, welche im zu entwickelnden Konzept eingehalten werden müssen und somit geometrische Randbedingungen darstellen. Ebenso werden die im Betrachtungsraum liegenden Einzelfunktionen und Komponenten detaillierter auf ihre Einzelanforderungen geprüft, die über die allgemeinen Funktionsanforderungen aus Abschn. 3.1 hinausgehen.

Als Fixpunkte werden diejenigen Flächen und Schnittstellen definiert, die aufgrund ihrer Anbindung an weitere Strukturelemente in Lage und Raum definiert sind. Diese

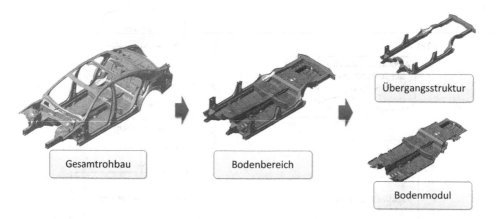

Abb. 4.2 Bodenstruktur und Übergangsstruktur als Rohbauschnittstelle zwischen dem neu entwickelten LeiFu-Boden und der Benchmark Reststruktur (basierend auf Daten der Daimler AG)

müssen in der Konzeptentwicklung berücksichtigt werden und in der finalen Konstruktion jeweils wieder als Anschlussfläche für angrenzende Bauteile zur Verfügung stehen. Abb. 4.2 zeigt den Betrachtungsumfang des Bodenbereichs. Es wurde neben der primären Bodenstruktur ein Übergangsbereich definiert, an dem Veränderungen der Flanschlangen zur Anbindung des Bodenmoduls möglich sind, deren rohbauseitigen Schnittstellen jedoch unverändert bleiben sollen. Damit wird gewährleistet, dass das Bodenkonzept zur mechanischen Bewertung wieder in das FE-Modell des Gesamtfahrzeuges integriert werden kann.

Weitere Schnittstellen und Fixpunkte (Sitzanbindungen, Rückwand und Fahrwerksanbindung) sind in Abb. 4.3 dargestellt.

Innerhalb des betrachteten Bauraums befinden sich zahlreiche Komponenten und Funktionen, deren übergeordnete Funktionen im Anforderungskatalog beschrieben sind. Abb. 4.4 zeigt die aktuelle Einbausituation der vorhandenen Komponenten im Betrachtungsumfang Bodenstruktur.

Die Package-Daten basieren auf dem Serienfahrzeug Mercedes S-Klasse Plug-In-Hybrid (V222) und umfassen damit sowohl Komponenten eines konventionellen Antriebsstranges (Kraftstofftank und -leitungen sowie Abgasstrang) als auch HV-Komponenten (HV-Leitungen und Energiespeicher). Die Antriebskonfiguration beinhaltet des Weiteren eine längs unter dem Boden verlaufende Antriebswelle. Aus dem Anforderungskatalog ergibt sich eine Bauraumbegrenzung im Hauptbodenbereich durch den Bodenbelag im Innenraum sowie die Unterbodenverkleidung. Der nutzbare Bauraum im Heckbereich ist durch die Rücksitzbank und den Einbauraum des Heckfahrwerks, sowie durch die die Package-Situation des Kraftstofftanks vorgegeben.

Die Komponenten wurden zunächst in ihre funktionalen Domänen strukturiert und auf ihre geometrischen Schnittstellen hinsichtlich einer möglichen Integration in den lasttragenden Strukturbereich analysiert. Abb. 4.5 gibt eine Übersicht der betrachteten

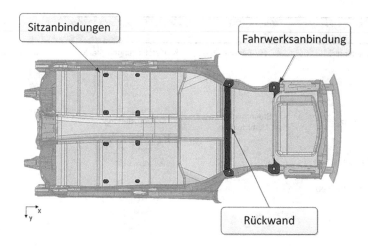

Abb. 4.3 Fixpunkte und gesetzte Flächen (rot), Sitzanbindung und Rückwand auf Boden-Oberseite, Fahrwerksanbindung auf Boden-Unterseite (basierend auf Daten der Daimler AG)

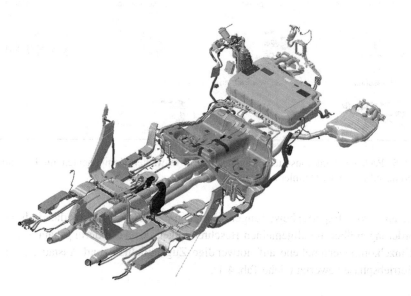

Abb. 4.4 Package und Einbausituation relevanter Komponenten im Bodenbereich (basierend auf Daten der Daimler AG)

funktionalen Umfänge. Dabei werden alle geometrisch und gravimetrisch relevanten Komponenten gelistet, die im Referenzfahrzeug innerhalb der definierten Bauraumgrenzen verortet sind und einer Funktion aus dem Anforderungskatalog zugeordnet werden können.

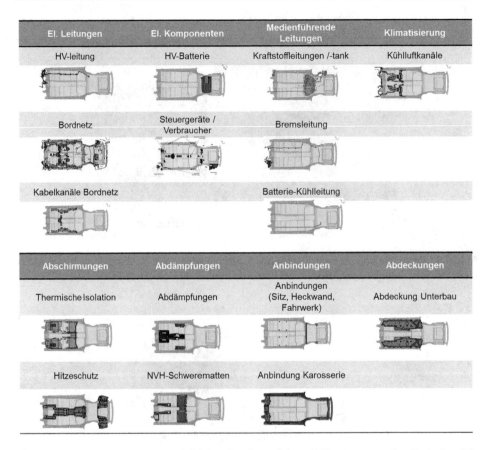

Abb. 4.5 Package, Funktions- und Einbausituation relevanter Komponenten im Bodenbereich (basierend auf Daten der Daimler AG)

Anhand von Expertenbewertungen der Daimler AG wurden die individuellen Anforderungen über die allgemeinen Beschreibungen des Anforderungskataloges hinaus auf Einzelkomponentenebene auf notwendige Zugänglichkeit und Austauschbarkeit in der Betriebsphase bewertet (siehe Tab. 4.1).

4.1.2 Aufteilung in Teilsysteme

Für die Lösungsfindung komplexer Gesamtsysteme mit mehreren gegenseitig abhängigen Teilsystemen schlägt die VDI2221 eine Vorgehensweise vor, in der ein komplexes Gesamtsystem respektive die Funktionsstruktur zu einem möglichst frühen Zeitpunkt in erkennbare Teilprobleme aufgegliedert wird (VDI-Richtlinie 2221 1993). Für den Entwicklungsprozess eines funktionsintegrierten Bodenmoduls in FVK-Bauweise

Tab. 4.1 Anforderung an Zugänglichkeit und Austauschbarkeit der Komponenten, Leitungen und Kanäle

	Zugänglichkeit (zur Inspektion und Reparatur)	Austauschbarkeit (bei Defekt)
HV-Leitung	Ja	Ja
Bordnetz	Nein	Nein
Kraftstoffleitung	Ja	Ja
Bremsleitung	Ja	Ja
Batterie-Kühlleitung	Ja	Ja
Batterie	Ja	Ja
Induktive Ladeeinheit	Ja	Ja
Kraftstofftank	Ja	Ja

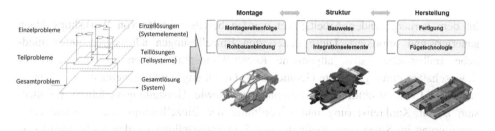

Abb. 4.6 Methode der Aufgliederung und Verknüpfung zur Problem- und Systemstrukturierung (links) (in Anlehnung an VDI2221 (1993)) und Übersetzung auf die Projektzielstellung in LeiFu (rechts)

mit seinen zahlreichen Funktionsdomänen als Gesamtsystem wird an dieser Stelle gemäß dieser Vorgehensweise das Gesamtsystem in folgende Teilsysteme unterteilt zu denen jeweils Einzellösungen gefunden werden können (vgl. Abb. 4.6):

- **Montage** mit den Einzelproblemen Montagereihenfolge und Rohbauanbindung
- **Strukturkonzept** mit den Einzelproblemen Bauweise und Funktionsintegration
- **Herstellung** mit den Einzelproblemen Fertigungskonzept und Fügetechnologie

Zu den einzelnen Teilsystemen können Konzepte skizziert und deren Beitrag zur übergeordneten Zielerfüllung – *Leichtbau durch Funktionsintegration* – bewertet werden. Die einzelnen Teilsysteme weisen dabei gegenseitige Abhängigkeiten auf, sodass die Lösungsvarianten eines Teilsystems bereits auf mögliche Lösungsvarianten der anderen Teilsysteme Bezug nehmen. Im Schritt der Zusammenführung werden kompatible Ansätze der einzelnen Teilsysteme gesucht, die auf Gesamtsystemebene verträgliche Lösungen darstellen.

Der Bereich „*Montagereihenfolge und Rohbauanbindung*" beinhaltet dabei die Anforderungen aus dem Anforderungskatalog hinsichtlich „Schnittstellen" (Rohbauanbindung).

Die Konzeptvarianten im Teilbereich „*Bauweise und Funktionsintegration*" beinhalten das Aufbaukonzept und die Integration von Funktionen und Komponenten. Das Strukturkonzept wird maßgeblich durch die Anforderungen der Hauptkategorie „Funktionen" des Anforderungskataloges bestimmt (Erfüllung der Referenz-Performance für die relevanten mechanischen Lastfälle). Darüber hinaus sind die unterzubringenden Komponenten aus der Kategorie „Package" entnommen.

Zu den unterschiedlichen Aufbauvarianten werden jeweils passende Fertigungskonzepte für monolithische Teilumfänge oder Sandwichbauweisen betrachtet.

4.1.3   Erstellung von Lösungen zu Teilsystemen

Im dem vorhergehenden Arbeitspaket wurden bereits mithilfe von Workshops Ideen generiert und priorisiert. Diese generierten Einzellösungen adressieren unterschiedliche Teilbereiche, bspw. allgemeine Konstruktionsphilosophien („Optimierung der Eigenschaften durch geeignete Geometrische Gestaltung") oder generalisierte Lösungsansätze („Crash-Strukturen für Seitencrash") sowie Herstellungsverfahren („Pultrusion"). Zur Konkretisierung und Einordnung der Einzellösungsansätze sowie einer Erweiterung im Sinne einer methodischen Konzepterstellung werden nachfolgend systematisch Lösungsansätze erarbeitet. Zur Generierung systematischer Lösungsvarianten zu den Teilproblemen kommen dafür jeweils geeignete Werkzeuge zum Einsatz. Die Lösungsvarianten werden in Skizzen und Konzeptkonstruktionen dargestellt, um erste Bewertungen mittels Nutzwertanalysen oder CAE-Methoden zu erlauben.

4.1.3.1 Montagekonzept und Rohbauanbindung

Das Teilsystem der Montage hat einen großen Einfluss auf die Entwicklung der Strukturkonzepte. Der Zusammenbau und das Konzept haben z. B. Auswirkungen auf notwendige Flanschlagen, betreffende Überhänge und Hinterschnitte sowie mechanische Lastpfade. Die beiden Haupteinflüsse sind die Montagereihenfolge und Rohbauanbindung:

- **Montagereihenfolge:** Gibt die Reihenfolge an, in der die Baugruppen und -module in der Rohbaufertigung zusammengefügt werden. Die Montagereihenfolge gibt die Fügerichtung des betrachteten Bodenumfangs in die Restkarosserie vor.
- **Rohbauanbindung:** Das Verhalten der Gesamtkarosserie wird wesentlich von der Bodensteifigkeit und der Übertragung der Kräfte zwischen Boden und Restkarosserie beeinflusst. Abhängig von der Fügerichtung können unterschiedliche Anbindungskonzepte erstellt werden. Zusätzlich hängen mögliche Lösungsvarianten maßgeblich vom gewählten Strukturkonzept ab (z. B. monolithisch oder Sandwichbauweise).

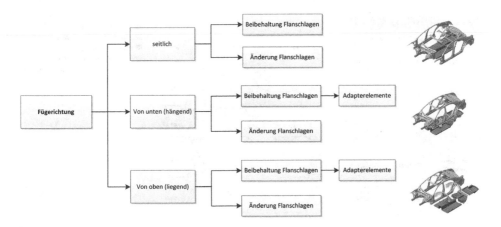

Abb. 4.7 Variantenbaum zu Montagereihenfolgen und resultierende Fügerichtungen

Ausgangslage für die Einbauuntersuchung ist der Fügebaum des Referenzrohbaus, welcher stark auf der Montageeinheit des Bodenmoduls aufbaut. Zunächst wird im Z1-Bereich der Hauptboden mit dem Vorbau und dem Heckboden zu einem zentralen Bodenmodul gefügt, welcher im Z2 Bereich anschließend mit Seitenwänden und Dachstruktur zum Komplettrohbau aufgebaut wird. Bei einer Beibehaltung der Montagebaugruppen kann eine seitliche Fügerichtung des Bodenmoduls mit den Seitenwänden beibehalten werden. Unter Berücksichtigung möglicher Inkompatibilitäten des funktionsintegrierten FVK-Bodens mit weiteren Rohbauprozessen (KTL-Tauchlackierung) wurden weitere Montagereihenfolgen und resultierende Fügerichtungen skizziert (siehe Abb. 4.7), welche teilweise weiterführende Maßnahmen erfordern (z. B. Anpassung der Flanschlagen in den Anbindungsbereichen, Einführung von Adapterstrukturen etc.).

Abhängig von der Montagereihenfolge entstehen, bedingt durch geänderte Fügerichtungen, unterschiedliche Anforderungen an die Rohbauanbindung der Bodenstruktur. So müssen die Flanschlagen der Umgebungsstruktur, insbesondere des Schwellers (seitlich), dem Fußblech (front), der Stirnwand (front) und den seitlichen Längsträgern im Heck adaptiert werden.

Insbesondere bei Sandwichstrukturen ist die Krafteinleitung sowie die eingesetzte Verbindungstechnik für die Montage ein zentrales Thema, wobei unterschiedliche Varianten von Verbindungstechnik für Sandwichbauteile eingeteilt werden können (Kopp 2015; Friedrich 2017):

- Stoßverbindungen
- Eckverbindungen
- T-Verbindungen
- Randanbindungen
- Anbindungen senkrecht zu den Deckschichten (Inserts)

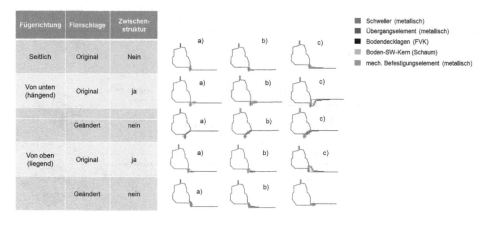

Abb. 4.8 Varianten zur seitlichen Rohbauanbindung der Sandwich-Bauweise

Die Literatur gibt insbesondere für Anbindungen und Abschlüsse von Sandwich-strukturen Hinweise, die im weiteren Verlauf auf die konkreten geometrischen Randbe-dingungen übersetzt werden können. Konstruktionskataloge für Sandwichverbindungen werden von Zenkert (2009) und Kempf (2004) beschrieben, dabei ist für den vor-liegenden Fall der Rohbauanbindung insbesondere die Ausführungsform des Rand-abschlusses für die Anbindungslösung an die Schwellerstruktur von Bedeutung. Beispiele für Randabschlüsse finden sich bei Blitzer (1997). Eine Auswahl an adaptierten Varianten zur Anbindung einer Bodenstruktur in Sandwichbauweise an die Schweller-struktur ist in Abb. 4.8 beispielhaft dargestellt.

Alternative Varianten der Rohbauanbindung mit potenziell günstigen Kraftflüssen und Belastungsrichtung der Fügestellen erfordern eine Erweiterung des Betrachtungs-raumes (Schweller, Radkästen, Stirnwand) und damit eine Auflösung weiterer logi-scher Montageeinheiten (Seitenwand, Radeinbau Heck, A-Säule, Vorderwagen etc.) des Rohbaus (siehe Abb. 4.9). Diese wurden anhand der im Anforderungskatalog gesetzten Randbedingungen und Betrachtungsumfänge als nicht zielführend eingestuft und daher nicht weiterverfolgt.

4.1.3.2 Bauweise und Funktionsintegration

Als zentraler Bestandteil der Konzeptentwicklung steht die strukturelle Entwicklung der Bauweise des Bodenmoduls und Funktionsintegration im Mittelpunkt des LeiFu-Pro-jekts. In der Literatur finden sich unterschiedliche Definitionen für Funktionsintegration. Häufig wird die Begrifflichkeiten der Funktionsintegration synonym mit dem Begriff der Integralbauweise verwendet. So zielen einige Konstruktionsmethoden dabei primär auf eine Zusammenführung benachbarter Bauteile durch Variation des Werkstoffes und der Fertigungsverfahren ab (Ehrlenspiel und Meerkamm 2017) oder einer Reduzierung der Zahl der Bauteile, ohne deren Funktion zu verändern (Koller 1998). Nach Ziehbart

- „Bodenwanne" auf Schweller aufliegend
- Teil- oder Vollintegration des Schwellers in Bodenstruktur

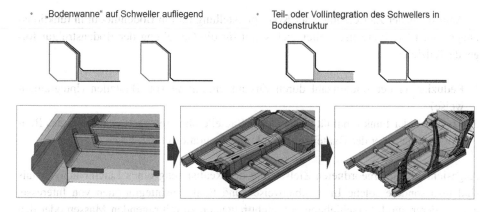

Abb. 4.9 Alternative Konzepte zur Rohbauanbindung mit Auflösung weiterer Montageeinheiten (Seitenwand)

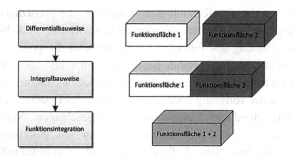

Abb. 4.10 Differenzialbauweise, Integralbauweise und Funktionsintegration, eigene Darstellung nach Gumpinger et al. (2009)

(2012) definiert sich Funktionsintegration über einen konstruktiven Vorgang, der ein technisches System mit gegebener Funktion derart verändert, dass zusätzliche Funktionen durch das System erfüllt werden und/oder die Anzahl der Bauteile reduziert wird.

Für die Konzeptentwicklung eines funktionsintegrierten FVK-Bodenmoduls wird an dieser Stelle zunächst eine Abgrenzung der Begriffe Integralbauweise und Funktionsintegration in Anlehnung an Gumpinger et al. (2009) vorgenommen (vgl. Abb. 4.10). Demnach verfolgt die Integralbauweise eine herstellungstechnische Zusammenführung von Bauteilen und ihren Funktionsflächen. Das Prinzip zielt in erster Linie auf eine Reduzierung der Bauteilzahl zur Reduzierung der Herstellungskosten ab. Die resultierende Bauteilreduzierung kann durch den Entfall von Fügeelementen sowie durch den verbesserten Kraftfluss jedoch auch Bauteilgewicht einsparen. Bei der Funktionsintegration hingegen sollen eine Vielzahl an Funktionen in einem Bauteil zusammengefasst werden, sodass zusätzliche Komponentenmassen zur Erfüllung dieser Funktionen entfallen können.

Angesichts der Zielsetzung einer Konzepterstellung für ein Bodenmodul in funktions-integrierter FVK-Bauweise stellen sich somit für die Gestaltung der Bodenstruktur folgende Teilziele:

1. Reduzierung der Bauteilzahl durch Zusammenführung von Bauteilen (Integralbauweise)
2. Erweitern der Funktionalität vorhandener Bauteile ohne relevante Änderung des Bauteilgewichtes oder der Bauteilzahl (Funktionsintegration).

Angesichts der übergeordneten Zielsetzung der Realisierung eines Leichtbaupotenzials sind insbesondere solche Integralbauweisen und Funktionsintegrationen von Interesse, anhand derer durch Verschiebung von nichttragenden zu mittragenden Massen oder den Wegfall von redundanten Bauteilen Gewicht eingespart werden kann.

Nachfolgend werden daher jene Integrationslösungen priorisiert betrachtet, die vorhandene Funktionsmassen eliminieren oder hin zu mittragenden Massen verändern. Zusätzlich werden im Projekt Technologien betrachten, die zusätzliche Funktionalität in Bauteile einbringt, die im Referenzfahrzeug nicht vorhanden sind (bspw. „Condition Monitoring"). Zur Erfüllung des Teilzieles 1 wird zunächst die grundlegende Bauweise des Bodenmoduls betrachtet. Die gewählte Bauweise (monolithisch/Sandwich, Profil- oder Schalenbauweise) hat einen erheblichen Einfluss auf die Lösungsräume des Teilziels 2.

Für die Gestaltung der vorrangig flächigen Strukturen des Bodenmoduls in CFK-Bauweisen werden unterschiedliche Aufbaukonzepte vorgeschlagen. Neben einer monolithischen Bauweise werden auch Sandwichaufbauten mit strukturell mittragenden Kernen untersucht. Abhängig vom Aufbaukonzept werden unterschiedliche Bauräume zur Unterbringung von Komponenten und Integration von Funktionen nutzbar.

Für mehrschalige gestützte Bauweisen sind zahlreiche Kernstrukturen zur Erfüllung einer Stützwirkung im Sinne eines Sandwichverbundes bekannt (vgl. Abb. 4.11).

Für mehrschalige Bauweisen mit lasttragenden Kernen sind neben den untersuchten Schaumkernen auch der Einsatz „gebauter" Kerne möglich, welche potenziellen Bauraum für Komponenten und Leitungen bieten (siehe Abb. 4.12). In Abstimmung mit der priorisierten Technologie-Entwicklung „Integriertes Wärmemanagement" wurden Sandwichbauweisen mit Schaumkernen und Faltwaben weiterverfolgt.

Abhängig von der gewählten Bauweise eröffnen sich unterschiedliche Möglichkeiten zur Integration von Funktionskomponenten. Die Sandwichlösung ermöglicht bei hoher Bauhöhe ausreichend Bauraum zur integrierten Einbringung der Komponenten-Querschnitte. Im Falle der monolithischen Bauweise bzw. einer dünnen Sandwichlösung müssen aufgrund des unzureichenden Strukturbauraums die Querschnitte der Leitungen außerhalb des Materials liegen.

Mittels einer ersten Vorbewertung des LeiFu-Konsortiums wurden Prinziplösungen zur strukturellen Integration von Einzelfunktionen anhand ihrer Querschnitte und Funktionalität abgeschätzt (siehe Abb. 4.13). Diese Vorbewertung dient gemeinsam mit

Kerngeometrie / Stützwirkung		„Kerngrundmaterial"				
		Metalle	Kunststoffe	Natürliche Werkstoffe	Anorganische nicht-metallische Werkstoffe	Verbund-werkstoffe
homogener Stützwirkung	Voll- oder Schaumkerne	Aluminium, Edelstahl, ...	PC, PEI, PET, PMI; PIR, PP, PS, PUR, PVC, SAN, XPS, ...	Balsa, Fichte, Kork, ...	Keramik-schaum	Waben oder Hohlkugeln mit Schaumkern, ...
Punktuelle Stützung	Textil- oder Drahtkerne	Draht, ...	Fasern, ...	Fasern, ...		Fasern mit Matrix, ...
Partiell örtliche Stützung	Höcker- oder Luftpolsterkerne, Hohlkugel-füllungen	Aluminium, Edelstahl, ...	PC, PP, ...	Papier, ...	Keramische Hohlkugeln, ...	Faser-verstärkter Kunststoff, ...
Uni-direktionaler Stützwirkung	Steg-oder Wellkerne, Faltkerne	Aluminium, ...	PC, PP, ...	Papier, ...		Faserver-stärkter Kunststoffe bzw. Papiere, ...
Multi-direktionaler Stützung	Wabenkerne, Rauten, Stege	Aluminium, ...	PC, PP, ...	Hohl mit Bohrungen, ...		Faserver-stärkter Kunststoffe bzw. Papiere, ...

Abb. 4.11 Einteilung verschiedener Kernstrukturen nach Friedrich (2017)

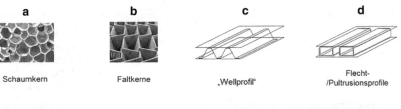

a — Schaumkern b — Faltkerne c — „Wellprofil" d — Flecht-/Pultrusionsprofile

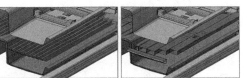

Abb. 4.12 Alternative Aufbaukonzepte und Kernwerkstoffe bzw. -geometrien

den spezifischen Anforderungen an die Einzelfunktion aus Schritt 1 als Ausgangspunkt zur nachfolgenden Generierung von Konzepten zur Funktionsintegration.

Die zu integrierenden Funktionen leiten sich aus dem Anforderungskatalog sowie den untersuchten Package-Komponenten innerhalb des betrachteten Bauraums ab. Alle relevanten Komponenten und Funktionen befinden sich zwischen den gesetzten

Variante						
Variante	1	2	3	4	5	6
Beschreibung	Strukturintegriert Kanal	Verprägter Kanal + Deckel (lösbar)	Außenmontage + Profil	Strukturintegriert im Kern	Strukturintegriert in Laminat	beschichtet/bedruckt
HV-Leitung	◐	◐	●	◐	○	○
elektr. Bordnetz (12V)	◐	◐	●	◐	○	○
Bremsleitung	◐	◐	●	◐	○	○
Kraftstoffleitung	◐	◐	●	◐	○	○
Batterie-Kühlleitung	◐	◐	●	◐	○	○
Luftkanäle	●	◐	●	●	○	○
Sensoren	◐	○	◐	●	●	◐

Abb. 4.13 Prinziplösungen zur Integration von Leitungen und Sensoren

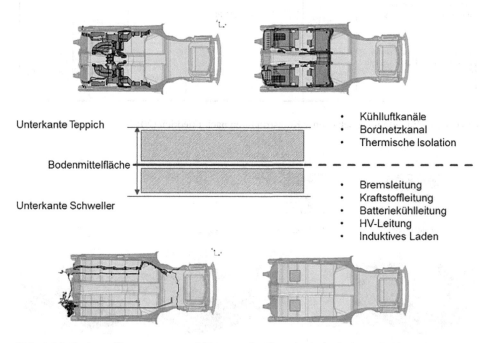

Abb. 4.14 Package-Komponenten und Bauraum im Hauptbodenbodenbereich (Auswahl) (basierend auf Daten der Daimler AG)

Bauraumgrenzen zwischen „Unterkante Teppich" und „Unterkante Schweller". Anhand der untersuchten Schnittstellen der Komponenten wurden diese im Bereich des Hauptbodens in Funktionen der Bodenoberseite und -unterseite aufgeteilt (vgl. Abb. 4.14).

Demnach bieten die Komponenten der Bodenoberseite (Lüftungskanäle, Kabelkanal des Bordnetzes) höhere Potenziale zur strukturellen Integration. Die Komponenten der Boden-Unterseite (Bremsleitung, Kraftstoffleitung, Kühlleitung, HV-Leitung, induktives

Laden) erfordern eine spätere Zugänglichkeit und Austauschbarkeit. Eine tiefe Struktur-integration in einen Sandwichaufbau wird aufgrund der eingeschränkten Praxistauglich-keit als kritisch bewertet und nicht weiterverfolgt.

Als Alternative zu einer Außenmontage (entsprechend Referenz) ist eine Installation über mittragende Montageelemente möglich. Ein Beitrag zur mechanischen und somit lasttragenden Funktion kann beispielsweise über profilartige Elemente realisiert wer-den, die als Aufnahme der Leitungen dienen. Aufgrund der Austauschbarkeit ist jedoch entweder eine Demontierbarkeit der Profile oder ein aufwendiges „Einfädeln" der Lei-tungen im Reparaturfall nötig, weshalb auch diese Lösungen im Konsortium als kritisch eingestuft wurde.

Zur Identifikation und Aufdeckung von Potenzialen zur Funktionsintegration wird im Folgenden eine paarweise Gegenüberstellung der erforderlichen bzw. gewünschten Funktionen mit den vorhandenen Bauteilumfängen vorgenommen. In Anlehnung an eine Design Structure Matrix werden die Funktionen und Bauteile in einer Funktions-integrations-Matrix (in Anlehnung an Höfe 2016) geordnet (siehe Abb. 4.15). Im Gegensatz zu einer Design Structure Matrix, die den gegenseitigen Bezug auf-decken soll (Friedrich 2010), wird eine solche Darstellungsart gewählt um neue mög-liche Zusammenführungen von Funktionen durch Integration in bestehende Bauteile zu identifizieren. Anstelle einer binären Darstellung einer möglichen Integration wird eine numerische Differenzierung zur Möglichkeit der partiellen oder vollständigen Integrationsmöglichkeit gewählt.

Die Bewertung wird anhand der Kriterien einer örtlichen Überlagerung der Funktion/ Schnittstelle (Wertung 1) und des Potenzials einer vollständigen Integration (Wertung 2) durchgeführt. Darüber hinaus sollen systematisch neue Funktionen hinsichtlich ihrer möglichen und zielführenden Einbaupositionen plausibilisiert werden. Dabei wird für ein Funktions-/Bauteilpaar jeweils anhand der jeweiligen Überlagerung von Schnittstellen oder möglichen Einbauorten ein Integrationspotenzial ausgemacht und entsprechend in der Tabelle notiert. Abb. 4.15 zeigt die für die weiteren Konzeptüberlegungen berück-sichtigten Integrationslösungen.

In der horizontalen Spalte werden vorhandene Bauteile gelistet, die im Referenzfahr-zeug die jeweiligen mechanischen, thermischen, elektrischen oder sensorischen Funk-tionen übernehmen. In der vertikalen Spalte werden Funktionen gelistet, welche zum einen aus der Analyse der im Referenzbauraum befindlichen Komponenten sowie des Anforderungskataloges entstammen zum anderen neuen Zusatzfunktionalitäten aus der vorgelagerten Ideengenerierung.

Aus dem ersten Quadranten gehen funktionsintegrative Lösungen im Bereich mecha-nischer Funktionen der lasttragenden Struktur hervor. Diese beziehen sich somit haupt-sächlich auf das Teilziel der Integralbauweise, indem strukturelle Aufgaben durch weniger Bauteile übernommen werden sollen (bspw. Integration der Sitzträgeranbindung in die Hauptbodenschale). Die weiteren Funktionen wurden anhand technischer Kriterien aus den Voruntersuchungen zur Integrationsfähigkeit oder dem lokalen Funktionsbedarf (zum Beispiel Temperaturmessung und aktive Kühlfunktion im Bereich von Wärme-quellen der HV-Batterie) bewertet.

Funktionsgruppe	Bauteil	Einzelfunktion	Hauptboden	Sitzquerträger	Tunnel	Heckboden	Schweller	Längsträgerverlängerung	Tunnelbrücken	MF-Mulde	NVH-Matten	Hitzeschutzblech	Isolationsmatten	Luftkanal	Kühlleitung	HV-Leitung	Bornetzkabelbaum	HV-Batterie	Induktive Ladeeinheit	Kraftstoffleitung	Hydraulikleitung	Kraftstofftank	Summe Integrationspotential	Konzeptskizze Nr.
mechanisch	Hauptboden	Steifigkeit/Festigkeit/NVH/Crash																					0	-
		Montageträger Leitungen																					0	
	Sitzquerträger	SNFC	1																				1	1
		Sitzanbindung	1																				1	
	Tunnel	Bauraum Antriebswelle																					0	-
		Bauraum Abgasstrang																					0	
	Rücksitzbank	Steifigkeit/Festigkeit/NVH/Crash																					0	-
	Heckboden	Steifigkeit/Festigkeit/NVH/Crash																					0	-
	Schweller	Steifigkeit/Festigkeit/NVH/Crash																					0	-
	Längsträgerverlängerung	Steifigkeit/Festigkeit/NVH/Crash	2																				2	2
	Tunnelbrücken	Steifigkeit/Festigkeit/NVH/Crash	1	1																			2	
		Lagerung Gelenkwelle																					0	-
		Lagerung Abgasstrang																					0	
	MF-Mulde	Steifigkeit/Festigkeit/NVH/Crash																					0	-
	NVH-Matten	NVH	2																				2	3
thermisch	Hitzeschutzblech	Hitzeschutz																					0	-
	Isolationsmatten	Thermische isolation	2		2																		4	4
	Luftkanal	Innenraumklimatisierung	2		2																		4	5
		Flächenheizung	2																				2	6
	Kühlleitung	Batteriekühlung	1																				1	6
	Wärmetauscher																	2					2	7
elektrisch	HV-Leitung	HV-Versorgung	1																				1	8
	Bornetzkabelbaum	Bordnetzversorgung	1	1																			2	9
	HV-Batterie	Energiespeicher	1			1																	2	10
	Induktive Ladeeinheit	Ladefunktion	1																				1	11
sensorisch	Beschleunigungssensor	Auslösung aktiver Sicherheitssysteme	1	1			1																3	12
		Feuchtigkeitsdetektion																2					2	13
		Strukturüberwachung (SHM)																	2				2	14
		Temperaturüberwachung																	1	1			2	15
sonstiges	Kraftstoffleitung	Versorgung Kraftstoff	1																				1	16
	Hydraulikleitung	Bereitstellung Bremskraft	1																				1	17
	Kraftstofftank	Energiespeicher				2																	2	18
		Summe Integratorpotential	20	5	3	3	2	1	1	1	1	0	0	0	0	0	0	5	3	0	0	0		

Abb. 4.15 Funktionsintegrationsmatrix für das Bodenmodul

Die Funktionsintegrationsmatrix ermöglicht eine strukturierte Analyse zur Erzeugung weiterer Funktionsintegrationskonzepte. Abb. 4.16 und 4.17 zeigen Beispiele der Konzeptnummern mit positiver Potenzialbewertung.

Funktionsintegration mit dem Ziel der Reduzierung vorhandener Bauteilmassen sind insbesondere durch eine Funktionserweiterung solcher Bauteile zu erwarten, für die bereits Komponentenmassen in der Referenz vorhanden sind, die durch den Integrationsschritt kompensiert werden können. Neue Funktionen, wie sensorische Zusatzfunktionen, die über die Referenzfunktionalität hinausgehen, können an dieser Stelle weder geometrisch abgebildet noch hinsichtlich eines Leichtbaupotenzials bewertet werden. Diese Funktionen werden somit der Kategorie Funktionserweiterung zugeschrieben.

Funktionen wie strukturintegrierte Heiz- oder Kühlfunktionen müssen auf die Vollständigkeit der Funktionsabdeckung geprüft werden. So können diese Technologien zwar die lokale Temperierung abdecken, eine ganzheitliche Klimatisierung und Belüftung der

Integrierendes Bauteil	Integrierte Funktionen	Kompensiertes Bauteil	Konzeptskizze	Nr.
Hauptboden	• Sitzanbindung	• Sitzquerträger	Sitzanbindung über Inserts 	1
Hauptboden	• Kraftweiterleitung	• Längsträger-verlängerung		2
Hauptboden	• Steifigkeit • Kraftweiter-leitung Seitencrash • Teilflächen-steifigkeit (NVH) • Thermische Isolierung	• Isolations-matten • NVH-Matten		3,4
Hauptboden + Sitzquerträger	• Luftführung	• Luftkanäle	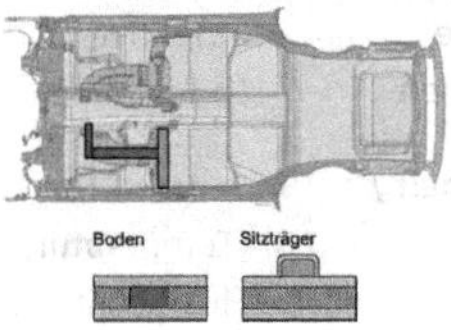	5
Hauptboden	• Flächenheizung	• - (neue Funktion)	-	6
Hauptboden	• Kühlung	• - (neue Funktion)	-	7

Abb. 4.16 Konzeptskizzen zu identifizierten Funktionsintegrations-Potenzialen (1)

Fahrgastzelle muss jedoch weiterhin durch die Komponente Luftkanal übernommen werden. Somit werden auch die Funktionen Kühlung und Heizung der Kategorie Zusatz-funktion zugeschrieben.

Die technologische Entwicklung der Integrationselemente findet maßgeblich in Kap. 6 statt. Eine Bewertung der Funktionalität, die sich nicht innerhalb der

Integrierendes Bauteil	Integrierte Funktionen	Kompensiertes Bauteil	Konzeptskizze	Nr.
Hauptboden	• HV-Leitung • Kühlleitung • Bremsleitung • Kraftstoffleitung	• Kabelschächte • Befestigungs- elemente	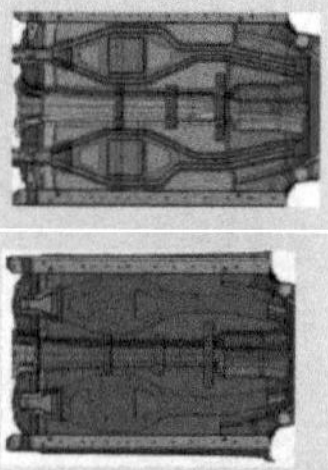	8, 16, 17
Hauptboden + Sitzquerträger	• Bordnetz- verlegung	• Bordnetzkanal	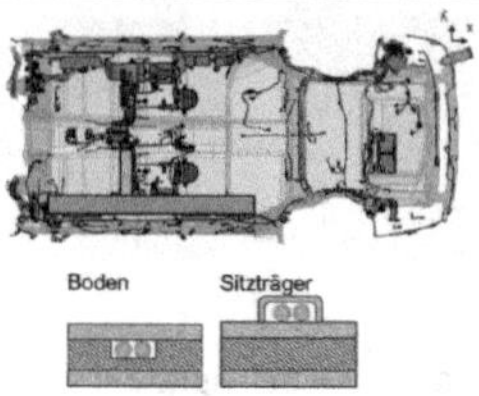	9

Heckboden	• Batterie-
	  einhausung
		• Batterie-
		  gehäuse
		  (anteilig)
			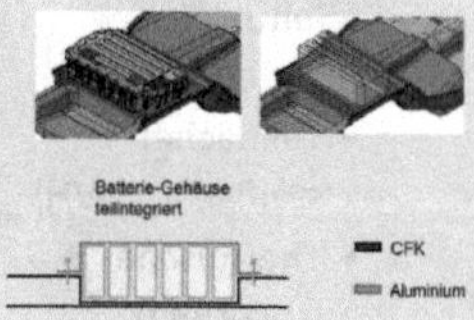	10

Induktive Ladeeinheit	• Induktive Ladeeinheit	• - (neue Funktion)	-	11

Ladeeinheit / Energie-speicher	• Sensorik
	  (Temperatur,
	  Flüssigkeit,
	  Beschleunigung)
		• -
		(neue Funktion)
			-	12 -
				15

Rücksitzbank + Unterboden	• Kraftstofftank
	• Lastpfad (S/F)
		• Selbst-
		  tragender
		  Kraftstofftank
			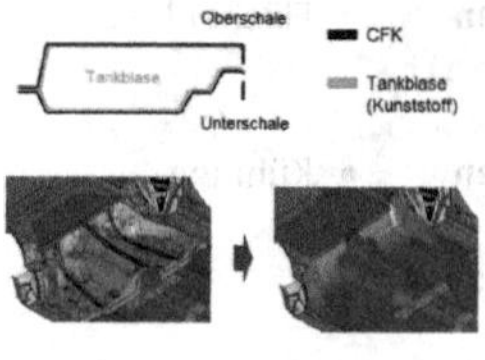	18

Abb. 4.17 Konzeptskizzen zu identifizierten Funktionsintegrations-Potenzialen (2)

Bauweisen-Entwicklung in einem Gewichtspotenzial darstellen lässt, wird in den jeweiligen Technologiekapiteln vorgenommen. Zur Konzeptauswahl der Struktur-entwicklung werden an dieser Stelle die relevanten geometrischen Funktions-integrationselemente in Konzeptkonstruktionen überführt und anhand von erster

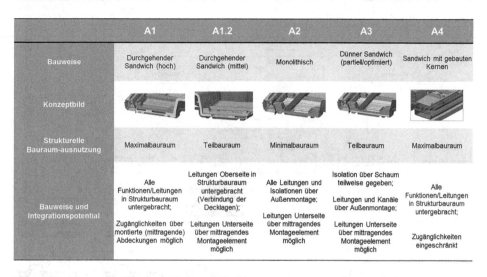

	A1	A1.2	A2	A3	A4
Bauweise	Durchgehender Sandwich (hoch)	Durchgehender Sandwich (mittel)	Monolithisch	Dünner Sandwich (partiell/optimiert)	Sandwich mit gebauten Kernen
Konzeptbild					
Strukturelle Bauraum-ausnutzung	Maximalbauraum	Teilbauraum	Minimalbauraum	Teilbauraum	Maximalbauraum
Bauweise und Integrationspotential	Alle Funktionen/Leitungen in Strukturbauraum untergebracht; Zugänglichkeiten über montierte (mittragende) Abdeckungen möglich	Leitungen Oberseite in Strukturbauraum untergebracht (Verbindung der Decklagen); Leitungen Unterseite über mittragendes Montageelement möglich	Alle Leitungen und Isolationen über Außenmontage; Leitungen Unterseite über mittragendes Montageelement möglich	Isolation über Schaum teilweise gegeben; Leitungen und Kanäle über Außenmontage; Leitungen Unterseite über mittragendes Montageelement möglich	Alle Funktionen/Leitungen in Strukturbauraum untergebracht; Zugänglichkeiten eingeschränkt

Abb. 4.18 Zusammenführung Teilsysteme Grobkonzepte

Auslegungssimulationen bewertet. Durch die Kombination von miteinander kompatiblen Teilkonzepten wurden Varianten für Gesamtkonzepte in CAD-Konstruktionen aufgebaut (siehe Abb. 4.18).

4.1.3.3 Fertigungskonzepte

Zu den unterschiedlichen Aufbauvarianten können jeweils grundlegende Herstellungswege für monolithische Teilumfänge sowie Sandwichbauweisen betrachtet werden. Als Fertigungsverfahren werden zur Gewährleistung einer serientauglichen und automatisierbaren Fertigung Pressverfahren wie RTM oder Nasspressen priorisiert. Das jeweils einsetzbare Fertigungsverfahren ist abhängig vom Aufbaukonzept sowie von der speziellen Bauteilgeometrie einzelner Strukturbereiche.

Mit dem Ziel der integralen Bauweise können Einzelbauteile und nachfolgende Fügeprozesse einer differenziellen Herstellung über integrale Pressprozesse mit Sub-Preforms realisiert werden. Diese Strategie wird in der Umsetzung der Konzeptkonstruktionen priorisiert verfolgt. Für die Herstellung von Sandwichbauteilen kommen „One-Shot"-Verfahren, Ausschäumen oder flächige Klebungen von vorgefertigten Schäumen infrage. Eine prinzipielle Einteilung möglicher Fertigungswege zeigt Abb. 4.19.

4.1.4 Bewertung und Vorauswahl zur weiteren Detaillierung

Mit dem Ziel der weiteren Detaillierung des Bodenmoduls im Sinne der Entwurfsphase werden konzeptbestimmende Teillösungen vorbewertet und für die weitere Detaillierung ausgewählt. Insbesondere werden an dieser Stelle die grundlegenden Entscheidungen zur Montagereihenfolge und des Bauweisen-Konzeptes getroffen.

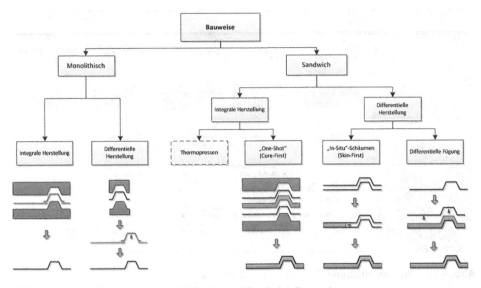

Abb. 4.19 Herstellungswege monolithischer und Sandwich-Bauweisen

4.1.4.1 Bewertung der Montagekonzepte

Zur Festlegung der Montagereihenfolge und der damit einhergehenden Randbedingungen für den Konzeptentwurf wurde eine Bewertung der Konzepte anhand projektübergreifender Expertenbewertungen gemeinsam mit dem Projekt *Forschungsfabrik: Produktion der Zukunft* (ForschFab) durchgeführt.

Insbesondere sollen hierdurch Aspekte zum Handling und der Auswirkungen auf die Wandlungsfähigkeit und Flexibilität der Montageprozesse berücksichtigt werden (vgl. Abb. 4.20).

- **Rohbauanbindung:** Ist die Fügerichtung kraftflussgerecht? Etwa: hängendes vs. liegendes Fügekonzept: Belastung der Fügestellen auf Zug/Schub/Druck

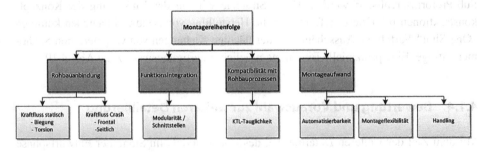

Abb. 4.20 Bewertungsbaum der Montagereihenfolge

Kriterium	Gewichtung	Konzeptvariante					
		M1		M2		M3	
		Wertung	Wertung gewichtet	Wertung	Wertung gewichtet	Wertung	Wertung gewichtet
Rohbauanbindung (Kraftfluss)	0.25	4	1	1.67	0.42	3.33	0.83
Kraftfluss statisch		4		1		4	
Kraftfluss Frontcrash		4		1		3	
Kraftfluss Seitencrash		4		3		3	
Funktionsintegration (Modularität)	0.25	4	1	4	1	2	0.5
Kompatibilität (KTL-Tauglichkeit, Schweißbarkeit)	0.25	0	0	4	1	4	1
Montageaufwand	0.25	2.67	0.67	3.33	0.83	2	0.5
Automatisierbarkeit		2		4		2	
Montageflexibilität		2		4		2	
Handlingaufwand		4		2		2	
Σ	1.00		2.67		3.25		2.83
Rang			3		1		2

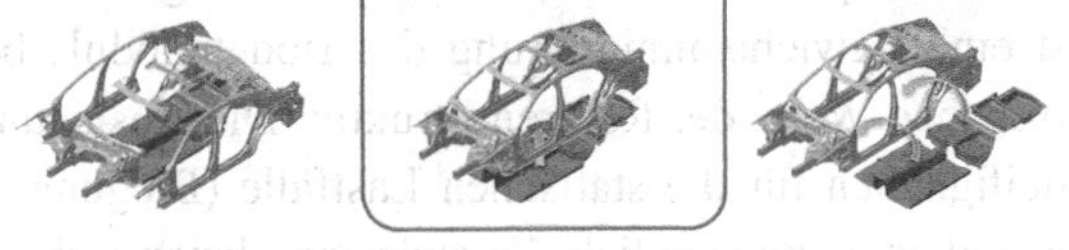

Abb. 4.21 Gesamtbewertung und -gewichtung der Montagekonzeptvarianten (M) in Abhängigkeit der Zusammenbaureihenfolge

- **Funktionsintegration und Schnittstellen:** Können alle Funktionen (z. B. Leitungen) im Bodenmodul vor der Endmontage verlegt werden? Müssen zusätzliche Schnittstellen vorgesehen werden?
- **Kompatibilität mit Rohbauprozessen:** Ist die Karosserie inklusive CFK-Boden KTL-tauglich? Ist die Karosserieumgebung ohne Bodenmodul handhabungsstabil für KTL-Durchgang und Transport?
- **Montageaufwand:** Ergeben sich nachteilige Konsequenzen für den Montageablauf in Bezug auf Montageflexibilität, Handling oder Automatisierbarkeit?

Aufgrund der kritischen Bewertung der KTL-Tauglichkeit des Bodenmoduls insbesondere im Hinblick auf mögliche Bauweisen mit integrierten Schaumkernen und Funktionen müssen für den Einbau des vorliegenden Bodenmoduls alternative, von der originalen Montagereihenfolge des Fügebaumes abweichende Lösungen gefunden werden.

Bei Gleichgewichtung der Bewertungskriterien erhält die Montagevariante M2 mit Fügung eines einteiligen Bodenmoduls (CFK) in ein vormontiertes Karosseriemodul (Stahl) die höchste Bewertungssumme und wird nachfolgend priorisiert (siehe Abb. 4.21). Als Rückfalllösung wird Variante M3 mit Montage von Einzelmodulen vorgeschlagen. Variante M1 wird aufgrund der Inkompatibilität der Montageprozesse des CFK-Bodens und der Stahlkarosserie (KTL-Durchgang, Schweißbarkeit) ausgeschlossen.

Anhand der Montagereihenfolge ergibt sich für die gegebenen Randbedingungen im Fahrzeug eine Fügerichtung für das Bodenmodul in die Restkarosserie „von unten". Die Auswahl und Detaillierung der konstruktiven Ausführung der Rohbauanbindung ist abhängig von den konkreten Gegebenheiten des Strukturkonzeptes und wird innerhalb der Konzeptdetaillierung weiter eingegrenzt und ausdetailliert.

4.1.4.2 Bewertung der Aufbaukonzepte

Zur Bewertung der Aufbauvarianten hinsichtlich der mechanischen Eigenschaften und der Gewichtspotenziale wurden die ausgewählten Grundvarianten aus dem CAD-Modell in ein Simulationsmodell überführt und mithilfe geeigneter Optimierungsverfahren dimensioniert. Es handelt sich dabei um eine Laminatauslegung mittels einer Composite-Size-Optimierung zur Dimensionierung der Laminatstärken. Das Optimierungsziel ist eine Gewichtsminimierung des Bodenmoduls bei Einhaltung aller geforderten Performance-Werte der Referenzstruktur. Die Auslegung beinhaltet Restriktionen bezüglich Steifigkeiten für die statischen Lastfälle (Biegung, Torsion und Heckabsenkung) sowie Festigkeiten hinsichtlich Ersatzlasten dynamischer Crashlastfälle (seitlicher Pfahlaufprall, Frontcrash auf Barriere mit 40 % Überdeckung, Frontcrash mit Totalüberdeckung und Frontcrash „Small Overlap" mit 25 % Überdeckung).

Abb. 4.22 zeigt die Ergebnisse für die Aufbaukonzepte A1 (hoher Sandwich mit strukturintegrierten Leitungen), A2 (monolithischer Aufbau) und A3 (optimierte Sandwichvariante). Zur Potenzialabschätzung der strukturintegrierten Kraftstofftank-Lösung wurde A2 ohne Tankintegration als Vergleichsbasis berechnet.

Anhand dieser vordimensionierten Varianten wurde eine erste Auswertung der mechanischen Eigenschaften und Gewichtspotenziale durchgeführt. Die Optimierungen werden demnach hauptsächlich durch die Festigkeiten hinsichtlich der Crash-Ersatzlasten limitiert. Die Steifigkeitswerte übertreffen daher die der Referenzstruktur.

Bauweisenabhängig werden dabei unterschiedliche Steifigkeitseigenschaften erzielt. Hohe Steifigkeitsreserven sind bei den Sandwichaufbauten zu erkennen. Aufgrund der limitierenden Festigkeitsgrenzen spiegeln sich diese Vorteile jedoch nicht in den

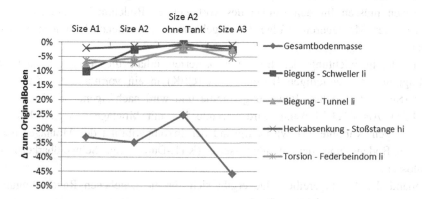

Abb. 4.22 Ergebnisse der Vordimensionierungen mittels Size-Optimierung

resultierenden Massen wider. Ein deutlicher Gewichtsvorteil ist in den Varianten mit integriertem Kraftstofftank zu erkennen.

Eine Überprüfung der Steifigkeitsverläufe entlang der Bodenstruktur zeigt für die untersuchten Varianten keine auffälligen Abweichungen gegenüber der Referenz (siehe Abb. 4.23).

Anhand der durchgeführten Simulationen sowie Untersuchungen der Herstellbarkeiten und Kostenbetrachtungen wurde in gemeinsamer Abstimmung mit allen

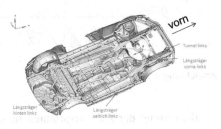

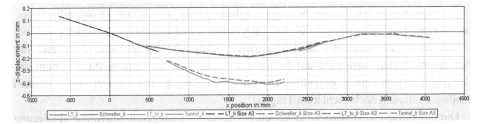

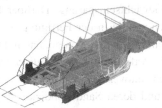

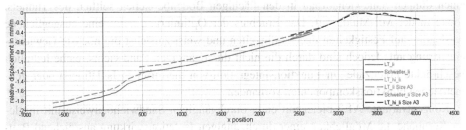

Abb. 4.23 Steifigkeitsverlauf für Biegung (oben) und Torsion (unten) für Konzeptvariante A3 (—) und des Referenzbodens (___)

Kriterium	Gewichtung	Konzeptvariante									
		A1		A1.2		A2		A3		A4	
		Wertung	Wertung gewichtet	Wertung	Wertung gewichtet	Wertung	Wertung gewichtet	Wertung	Wertung gewichtet	Wertung	Wertung gewichtet
mechanische Eigenschaften	0,11	4	0,44	4	0,44	2	0,22	3	0,33	3	0,33
Bauteilkosten	0,11	2	0,22	2	0,22	4	0,44	3	0,33	1	0,11
Teilezahl	0,11	3	0,33	4	0,44	1	0,11	3	0,33	2	0,22
integrierte Funktionen	0,14	4	0,56	3	0,42	0	0,00	1	0,14	3	0,42
Herstellbarkeit	0,11	1	0,11	2	0,22	4	0,44	3	0,33	1	0,11
Kraftflussgerechte Gestaltung	0,14	2	0,28	4	0,56	1	0,14	4	0,56	3	0,42
Gewichtseinsparung	0,11	2	0,22	2	0,22	3	0,33	4	0,44	2	0,22
Bauraumgewinn für Struktur	0,08	4	0,33	3	0,25	1	0,08	2	0,17	3	0,25
Modularität	0,08	1	0,08	3	0,25	4	0,33	4	0,33	1	0,08
Σ	1,0		2,58		3,03		2,11		2,97		2,17
Rang			3		1		5		2		4

Abb. 4.24 Gesamtbewertung und -gewichtung der Aufbaukonzepte (A)

beteiligten Projektpartnern eine Erstbewertung der Aufbauvarianten hinsichtlich der in Abb. 4.24 definierten Kriterien durchgeführt.

Aufbauvariante A1 (hoher Sandwichaufbau) bietet bei hoher struktureller Bauraumnutzung ein hohes Potenzial zur Integration von Funktionen. Sie bietet darüber hinaus eine gute mechanische Performance bezüglich Steifigkeiten. Aufgrund der dimensionierenden Auslegung auf Festigkeiten bezüglich der Crashlastfälle kommt das Gewichtseinsparpotenzial gegenüber der monolithischen Bauweise oder einem dünnen Sandwichaufbau jedoch nicht zum Tragen.

Die monolithische Bauweise A2 erzielt aufgrund der geringeren Überdimensionierung der Steifigkeiten eine höhere Gewichtseinsparung. Darüber hinaus punktet die monolithische Bauweise durch Kostenvorteile in der Fertigung, bietet jedoch nur begrenzten Raum für die Integration von Funktionen und Komponenten. Darüber hinaus wird an dieser Stelle die Erfüllung der NVH-Anforderungen als kritisch angesehen.

In einer optimierten Sandwich Bauweise A3 wurden durch ein Optimierungsverfahren Bereiche mit Sandwichaufbau und deren Sandwichdicken verteilt. Das Ergebnis weist einen dünnen Sandwichaufbau in den flächigen Bodenbereichen seitlich des Tunnels, sowie in der MF-Mulde auf. Das Ergebnis der Optimierung zeigt eine ausgeglichene Auslegung auf Festigkeiten und Steifigkeiten und weist zunächst die höchste Gewichtseinsparung auf. Jedoch sind durch die nicht durchgängigen Sandwichbereiche lediglich beschränkte Potenziale zur Funktionsintegration von thermischen Isolationen oder geometrischen Funktionskomponenten vorhanden.

Konzeptvariante A1.2 bietet mit einer durchgängigen Sandwichbauweise mit mittlerer Kernhöhe die Möglichkeit einer durchgängigen Isolationswirkung ausreichend Bauraum zur Funktionsintegration der positiv vorbewerteten Integrationskomponenten wie beispielsweise der Luftführung sowie eine positive Erwartung hinsichtlich des lokalen NVH-Verhaltens.

Entsprechend der Vorbewertung wurde die Variante A1.2 zur weitergehenden Detaillierung ausgewählt.

4.2   Entwurfsphase mit Detailkonzeption von ausgewählten Bodenmodulen

Sebastian Vohrer

Die im vorigen Abschnitt erstellten und durch Vorbewertungen eingegrenzten Konzept-varianten werden in einer Entwurfsphase weiter detailliert und ausgearbeitet. Das Vorgehen beinhaltet eine Konzept-Detaillierung unter Berücksichtigung weiterer Aspekte der Herstell- und Fügetechnologien sowie weiterführender Erkenntnisse der zeitgleich im Projekt laufenden Untersuchungen zu Einzeltechnologien. Die Aus-arbeitung der Konzeptkonstruktionen wird im Wesentlichen durch die mechanischen Performance-Ziele getrieben. Eine Überprüfung der mechanischen Eigenschaften hinsichtlich Steifigkeiten/Festigkeiten, NVH sowie Crash findet an mehreren Ent-wicklungsständen (insgesamt drei „Release-Ständen", kurz RS1, RS2 und RS3) statt und unterstützt jeweils die weitere Detaillierung (vgl. Abb. 4.25).

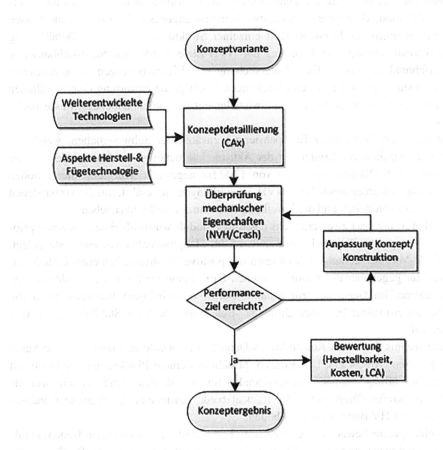

Abb. 4.25 Vorgehen der Entwurfsphase

4.2.1 Konzept-Detaillierung „Release-Stand 1"

Sebastian Vohrer

Die detaillierte Konzeptentwicklung orientierte sich an den ausgewählten Konzepten aus der Konzeptphase, den Inputs der Technologieentwicklungen sowie den Anforderungen an die mechanischen Eigenschaften.

Anhand der Vorbewertungen wurde in Abstimmung mit den beteiligten Projektpartnern und der Technologiepakete eine priorisierte Untersuchung der Konzeptvarianten mit Sandwichaufbau als zielführend eingestuft. Aufgrund ihres geometrischen Integrationspotenzials sowie der Möglichkeiten der strukturintegrierten thermischen Isolation wurde für den Hauptbodenbereich ein Schaumsandwich mit dem festgelegten PU-Schaum mit Dichten zwischen 100 g/l bis 200 g/l für die mechanischen Auslegungen vorgesehen. Aufgrund des geforderten Leichtbaupotenzials wurde die Zieldichte auf 100 g/l gesetzt.

Die Konstruktionen wurden unter Einbindung erster Ergebnisse aus FEM-Voruntersuchungen und Experteneinschätzungen hinsichtlich Strukturverhalten, Crash und NVH (Noise, Vibration, Harshness) weiterentwickelt und angepasst. Darüber hinaus flossen erste Bewertungen zur Herstellbarkeit einzelner Strukturbereiche in die Detaillierung der Konstruktionen ein. Zur Erfüllung der NVH-Ziele wurde eine Sandwichbauweise als zielführend eingestuft. Eine Untersuchung der Eigenfrequenzen an generischen Plattenelementen durch FE-Voruntersuchungen bestätigt die Erwartung einer deutlichen Erhöhung der Frequenzen für ein Sandwichelement bei gleichbleibender Masse (siehe Abb. 4.26).

Mit der Zielstellung einer Kompensierung zusätzlicher Schwerematten, welche in der Referenzstruktur zur Erreichung der Akustikziele benötigt werden, wurden für die CFK-Struktur Teilflächenresonanzen von 1200 Hz angestrebt. Aufgrund dieser hohen Anforderungen wurden zusätzliche NVH-Verstärkungen eingeführt, um die vorhandenen Teilflächen zu unterteilen und die jeweiligen Resonanzen weiter anzuheben.

Zur Bewertung des Crashverhaltens des Bodenmoduls wurde als Basis das zuvor priorisierte Konzept mit PUR-Schaum-Sandwich im Hauptbodenbereich zugrunde gelegt. Erste FEM-Voruntersuchungen bestätigten das positive Crashverhalten einer CFK-Sandwichstruktur gegenüber einer monolithischen CFK-Bauweise bei einer Crashbelastung in der Ebene. Im Gegensatz zur monolithischen (einschaligen) Bauweise weist die CFK-Sandwichstruktur bei einer „in-plane"-Belastung eine hohe Stabilität gegen Ausknicken auf.

Das Ergebnis der ersten Konstruktions-Detaillierung wurde in einem „Release-Stand 1" festgehalten (Abb. 4.27). Das Konzept besteht aus einem PU-Schaum-Sandwich mit integrierten Lüftungs- sowie Bordnetzkanälen im Hauptbodenbereich, einem strukturintegrierten Kraftstofftank unter der Rücksitzbank, sowie eine mittragende Gehäuseunterschale der HV-Batterie im Heckboden.

Für eine spätere Bewertung des mechanischen Verhaltens des erstellten Bodenmoduls im Gesamtfahrzeug wurde die Konstruktion für einen Einbau in die Restkarosserie

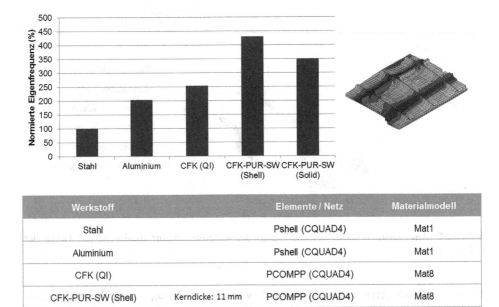

Abb. 4.26 Vergleich der Teilflächenresonanzen basierend auf FE-Simulationen an generischen Plattenelementen gleicher Masse, Sandwichelement mit 11 mm PUR-Kern mit $\rho_{PUR} = 100$ kg/m^3

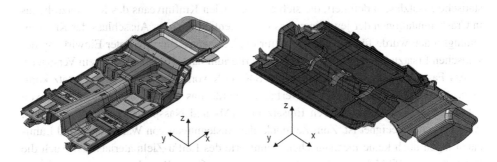

Abb. 4.27 Konzeptkonstruktion im „Release-Stand 1"

vorbereitet. Hierfür wurden sowohl die Strukturen des Bodenmoduls selbst sowie die Flanschlagen der Übergangsstrukturen der Restkarosserie angepasst. Eine Übersicht der abgeänderten Bauteile der Originalstrukturen zeigt Abb. 4.28.

Das Ergebnis der Konstruktion wurde in einem weiteren Schritt einer Wand-dicken-Dimensionierung zugeführt. Die Laminate wurden dabei anhand der geforderten Steifigkeits- und Festigkeitsanforderungen unter Berücksichtigung der Crashlastfälle ausgelegt. Die Auslegung der Strukturkomponenten wurde mittels Optimierungsver-fahren zur Wandstärkendimensionierung durchgeführt. Mittels „Size-Optimierung"

Werkstoff		Elemente / Netz	Materialmodell
Stahl		Pshell (CQUAD4)	Mat1
Aluminium		Pshell (CQUAD4)	Mat1
CFK (QI)		PCOMPP (CQUAD4)	Mat8
CFK-PUR-SW (Shell)	Kerndicke: 11 mm	PCOMPP (CQUAD4)	Mat8
CFK-PUR-SW (Solid)	Kerndicke: 11 mm	PCOMPP (CQUAD4) + CHEXA	Mat8 + Mat1

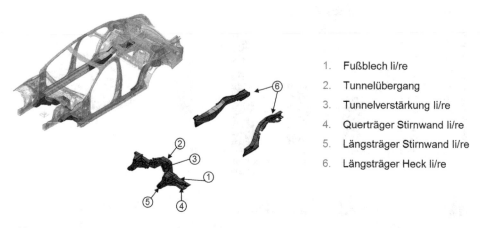

1. Fußblech li/re
2. Tunnelübergang
3. Tunnelverstärkung li/re
4. Querträger Stirnwand li/re
5. Längsträger Stirnwand li/re
6. Längsträger Heck li/re

Abb. 4.28 Angepasste Bauteile (Flanschlagen) der Referenzstruktur (basierend auf Daten der Daimler AG)

der FE-Software „Hyperworks-Optistruct" wurden gewichtsoptimale Wanddickenverteilungen hinsichtlich der geforderten mechanischen Randbedingungen Steifigkeiten und Festigkeiten analysiert. Als Zielgröße wurde eine Minimierung der Gesamtstrukturmasse bei Einhaltung definierter Verschiebungsgrößen und Versagensgrößen definiert.

Für Rohbausteifigkeiten wurden hierbei Biege- und Torsionssteifigkeiten des Referenzfahrzeuges herangezogen. Zur Berücksichtigung von Crashlastfällen wurden statische Ersatzlasten definiert, die sich an maximalen Kraftniveaus des Referenzrohbaus in Crashsimulationen der jeweiligen Lastfälle orientieren. Unter Ausschluss der Krafteinleitungszonen wurde für die Bodenstruktur ein Versagenskriterium unter Einwirkung der statischen Ersatzlasten festgelegt (Versagenskriterium nach Hoffmann< 1, kein Versagen).

Als Fasermaterial sollen HT-Fasern STS40 48 K von Toho Tenax zum Einsatz kommen. Als Harzsystem für das Zielverfahren wurde das Baxxodur® System 2202 von BASF definiert, welches für den Einsatz in RTM- und Nasspressverfahren mit kurzen Aushärtezeiten geeignet ist. Zum Zeitpunkt der Auslegungen von Wanddicken und Laminaten lagen noch keine mechanischen Kennwerte des LeiFu-Zielmaterials vor. Auch die Kennwerte des RTM-Materials, welche zur späteren Crash-Berechnung genutzt wurden, standen für die statischen Vorauslegungen nicht zur Verfügung. Die Vorauslegungen der Laminate und Wanddicken wurde daher anhand gängiger Kennwerte klassischer Automobillaminate mit HT (high tenacity/tensity) -Fasern und Epoxidharz vorgenommen.

Hinsichtlich des verfolgten Leichtbauzieles ist eine Ausnutzung der möglichen Anisotropie notwendig. Dem Optimierungsverfahren werden daher UD-Gelege zum gewichtsoptimalen Aufbau des Gesamtlaminates vorgegeben. Hinsichtlich der Steifigkeiten sind UD-Gelege gegenüber Geweben zu bevorzugen. Mögliche Vorteile von Geweben hinsichtlich der Crashperformance können in den statischen Vorauslegungen nicht ausreichend bewertet werden und werden in nachfolgenden expliziten Crashberechnungen berücksichtigt.

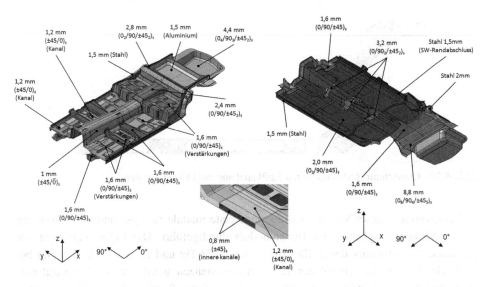

Abb. 4.29 Laminatdefinitionen und Wanddicken im „Release-Stand 1"

Die resultierenden Laminatdefinitionen der Wandstärkenoptimierung repräsentieren ein gewichtsoptimiertes Ergebnis unter Einhaltung der geforderten mechanischen Randbedingungen, d. h. die Steifigkeitswerte des Anforderungskataloges werden erreicht. Das Ergebnis der Vorauslegungen in Form von Laminatdefinitionen durch Anzahl und Orientierung der Einzellagen, wie in Abb. 4.29 dargestellt, wurde als Ausgangspunkt der weiteren mechanischen FE-Untersuchungen herangezogen.

4.2.2 Erstbewertung des Bodenkonzeptes („Release-Stand 1")

Verena Diermann

Anhand des „Release-Standes 1" wurden im weiteren Projektverlauf Basisbewertungen in den Bereichen mechanische Eigenschaften, Herstellbarkeiten, Kosten und Gewicht durchgeführt und die Konzeption und Konstruktion fortlaufend an die Erkenntnisse angepasst.

4.2.2.1 Erstbewertung NVH

Vor dem Aufbau des Modells zur Erstbewertung der NVH-Eigenschaften des Bodenmoduls wurde zunächst das Konzept basierend auf Experteneinschätzungen angepasst. Zur Steigerung der Teilflächensteifigkeiten wurden konstruktiv NVH-Verstärkungen, die auf das bestehende Bodenmodul aufgeklebt werden sollen, bzw. ein Luftkanal aus zwei Einzelkanälen vorgesehen (vgl. Abb. 4.30).

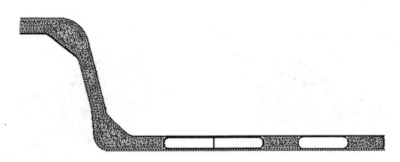

Abb. 4.30 Querschnitt Bodenmodul mit Luftkanal aus zwei Einzelkanälen

Basierend auf dieser Variante wurden eine erste modale Analyse und die Bewertung der Teilflächensteifigkeiten des Bodenmoduls durchgeführt. Die Eigenfrequenzen des gesamten Bodenmoduls liegen für Torsion bei 37,36 Hz und für vertikale Biegung bei 54,52 Hz. Für die Bewertung der Teilflächenresonanzen wurde das Bodenmodul entsprechend Abb. 4.31 in Bereiche aufgeteilt. Jeder dieser Bereiche sollte eine Resonanz von über 1200 Hz aufweisen.

Die Teilflächen 1 bis 5 weisen bis 1500 Hz ein sehr globales Verhalten auf, d. h. die Teilflächenresonanz liegt über 1500 Hz. Auch Teilfläche 11 liegt mit einer Resonanz von 1502 Hz über dem Kriterium. Teilflächen 6 bis 10, welche alle über dem Bordnetzkanal liegen, weisen jedoch bei der Ausgangsgeometrie deutlich niedrigere Werte auf als gefordert. Eine Verstärkung des Bordnetzkanals mit 0,85 kg verbessert die Teilflächenresonanz in diesen Bereichen deutlich. Abb. 4.32 zeigt die Ergebnisse für alle Teilflächen in der Variante mit verstärktem Bordnetzkanal.

4.2.2.2 Voruntersuchung Crash

Im Rahmen der Crashbewertung wurde zunächst eine Bewertung anhand eines Ersatzlastfalles für den Pfahlcrash durchgeführt. Die Problematik dabei ist, dass grundsätzlich der Ersatzlastfall von der Gesamtfahrzeugsimulation für jedes Fahrzeug ermittelt werden

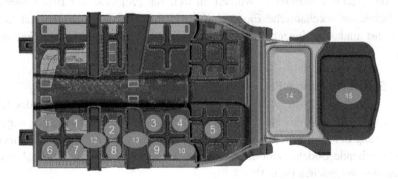

Abb. 4.31 Unterteilung des Bodenmoduls in Teilflächen. (Quelle: DigitPro, Daimler AG)

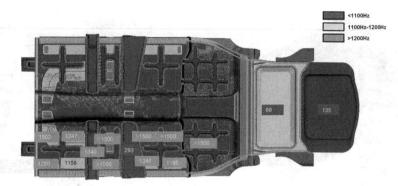

Abb. 4.32 Teilflächenresonanzen aus FE-Berechnungen. (Quelle: DigitPro, Daimler AG)

muss. Dabei werden die Parameter des Ersatzlastfalles, wie Größe des Ausschnitts und Pfahlgeschwindigkeit, so lange variiert, bis das Verformungsverhalten des Ersatzlastfalls mit dem Verformungsverhalten der Gesamtfahrzeugsimulation übereinstimmt. Basierend auf solchen Ersatzlastfällen kann man dann kleine Geometrien, wie z. B. den Schweller, austauschen und das Verhalten des Bodens absolut bewerten. Da für das LeiFu-Bodenmodul zum Zeitpunkt der Bewertung noch kein Pfahlcrash im Gesamtfahrzeug vorlag, war dieses Vorgehen jedoch nicht anwendbar.

Um mit geringerem Aufwand als einer Gesamtfahrzeugsimulation eine erste Aussage über das Crashverhalten des Bodenmoduls treffen zu können, wurde daher das Verhalten des Bodens in einem Ersatzlastfall relativ zum Verhalten des Serienbodens im gleichen Ersatzlastfall bewertet. Der verwendete Ersatzlastfall mit dem gewählten Ausschnitt und der Pfahlgeschwindigkeit, basiert auf einem „Ersatzlastfall Boden", der bei Daimler für ein nicht vergleichbares Fahrzeug entwickelt wurde. Der Ersatzlastfall wurde im Hinblick darauf entwickelt, ihn nicht nur in einer Simulation überprüfen zu können, sondern gegebenenfalls durch Versuche experimentell zu untersuchen. Daher wurde zunächst ein Rahmen definiert, der in der experimentellen Umsetzung dazu dienen soll, den Bodenausschnitt senkrecht in einem Fallturm aufzustellen. Für den Ersatzlastfall wird auf Höhe der beiden Sitzquerträger ein Teil des Bodens bis zur Fahrzeugmitte ausgeschnitten. Der Boden wird im Rahmen fest fixiert, während der Pfahl auf den Bodenausschnitt fällt. Abb. 4.33 zeigt den grundsätzlichen Aufbau des Ersatzlastfalles, sowie die Belastungsrichtung.

In diesem Ersatzlastfall wurden zunächst fünf Varianten im Vergleich zum Serienboden bewertet, bei denen unterschiedliche Kombinationen aus den Optionen des integrierten Luftkanals, des integrierten Bordnetzkanals, der NVH-Verstärkungen sowie eines Trapezabsorbers untersucht wurden. Abb. 4.34 zeigt die simulierten Varianten.

Es wurden sowohl die Pfahlintrusion als auch das Verformungsverhalten relativ zum Serienboden bewertet. Als Ziel wird eine möglichst zum Referenzboden gleichbleibende Pfahlintrusion angestrebt. Sowohl eine höhere Pfahlintrusion als auch eine geringere sind nicht zulässig, da das Gesamtfahrzeugkonzept eine Verformung des Schweller-Bereichs zur Energieabsorption vorsieht.

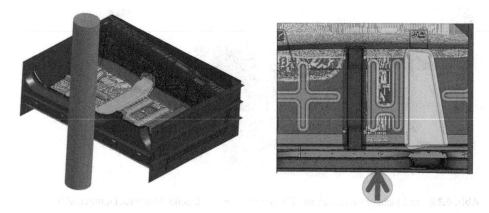

Abb. 4.33 Aufbau Ersatzlastfall und Belastungsrichtung

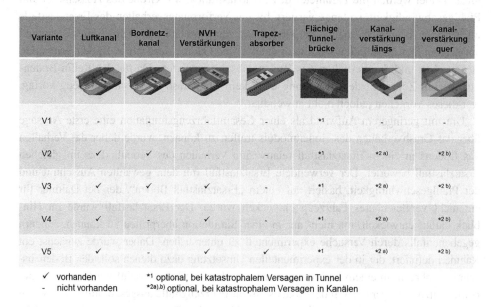

Variante	Luftkanal	Bordnetz-kanal	NVH Verstärkungen	Trapez-absorber	Flächige Tunnel-brücke	Kanal-verstärkung längs	Kanal-verstärkung quer
V1	-	-	-	-	*1	-	-
V2	✓	✓	-	-	*1	*2 a)	*2 b)
V3	✓	✓	✓	-	*1	*2 a)	*2 b)
V4	✓	-	✓	-	*1	*2 a)	*2 b)
V5	✓	-	✓	✓	*1	*2 a)	*2 b)

✓ vorhanden   *1 optional, bei katastrophalem Versagen in Tunnel
- nicht vorhanden   *2a),b) optional, bei katastrophalem Versagen in Kanälen

Abb. 4.34 Varianten zur Bewertung im Ersatzlastfall Boden PCT

Ein weiterer zu beachtender Punkt ist, dass bis zum Zeitpunkt der Ausführung dieser Simulation weder eine LS-DYNA Materialkarte für das LeiFu-Grundmaterial noch für funktionsintegrierte Materialien vorlag. Die Berechnung erfolgte mit von der Fa. Daimler zur Verfügung gestellten LS-DYNA Materialkarten. Diese beschreiben RTM CFK Gelege, ROHACELL® 110 Schaum, Stahl und Klebstoff BM1496.

Zur Bewertung der einzelnen Varianten wurden zunächst jeweils die Pfahlintrusion und das Verformungsverhalten jeder einzelnen Variante im Vergleich zum Serienboden bewertet, wobei nur V2 und V3 eine deutlich stärkere Verformung und Pfahlintrusion aufwiesen als der Serienboden. V1, V4 und V5 weisen ein deutlich steiferes Verhalten auf. Um genauer zu untersuchen, wie die Kanäle die Struktur schwächen, bzw. die NVH-Verstärkungen und der Trapezabsorber die Struktur unterstützen, wurde zudem V2 mit V3, V3 mit V4 und V4 mit V5 verglichen. V3 unterscheidet sich von V2 darin, dass in V3 zusätzlich die NVH-Verstärkungen aufgebracht sind. Dieser Vergleich zeigt, dass die NVH-Verstärkungen keinen relevanten Einfluss auf die Crash-Performance haben. Da die Verstärkungen für die NVH-Performance benötigt werden und im Crashverhalten keine Schwächung darstellen, sollte eine Variante mit NVH-Verstärkungen gewählt werden.

Beim Vergleich von V4 zu V5 konnte untersucht werden, ob im Randbereich ein durchgängiger Schaumkern oder ein Trapezabsorber eine bessere Performance liefert. Hier zeigt sich jedoch kaum ein Unterschied. Da ein Trapezabsorber in der Herstellung deutlich aufwendiger ist als ein durchgängiger Schaumkern, da er keine Gewichtsersparnis im Vergleich zu einem Schaum niedriger Dichte aufweist und sich außerdem keine relevante Beeinflussung des Verhaltens zeigt, sollte auf diesen verzichtet werden.

Ein großer Unterschied zeigt sich jedoch im Vergleich von V3 zu V4 mit Einfluss des integrierten Bordnetzkanals. V3, mit Bordnetzkanal, zeigt eine deutlich stärkere Verformung als V4. Daher ist der Bordnetzkanal als die kritische Stelle für die Crashperformance einzuschätzen.

Basierend auf diesen Ergebnissen wurde V3 zusätzlich mit den optionalen Kanalverstärkungen *2a, einer Längsverstärkung entlang des gesamten Kanals, und *2b, einer Verstärkung mittels Hohlrippen, für den Bordnetzkanal überprüft. Es zeigt sich, dass Verstärkung *2b nicht geeignet ist, da die Hohlrippen im Falle der Belastung die dünne Decklage aufbrechen. Option *2a zeigt jedoch eine deutliche Verbesserung im Vergleich zu V3 ohne Verstärkungen. Variante V3*2a zeigt im Vergleich zum Serienboden eine annähernd gleiche Pfahlintrusion. Tab. 4.2 fasst zusammen, welche Variante im jeweiligen Einzelvergleich die geringere Intrusion zeigt.

Zu beachten ist hierbei die Verwendung von LS-DYNA Materialkarten in der Simulation, die nicht das in der Praxis verwendete LeiFu-Material abbilden. Es wird jedoch nicht erwartet, dass die mechanischen Eigenschaften des CFK-Geleges des Lei-Fu-Bodenmoduls stark von denen des Materials, mit dem die Daimler-interne LS-DYNA Materialkarte erstellt worden ist, abweichen. Für das LeiFu-Bodenmodul wird jedoch ein

Tab. 4.2 Ergebnisse Ersatzlastfall Boden

	V1	V2	V3	V4	V5	V3*^{2}a	V3*^{2}b
Serie	V1	Serie	Serie	V4	V5	Serie/V3*^{2}a	–
V2	–	–	V3	–	–	–	–
V3	–	–	–	V4	–	V3*^{2}a	V3
V4	–	–	–	–	V4	–	–

PU-Schaum niedriger Dichte verwendet, welcher ein grundsätzlich anderes Verhalten aufweist als der 110 g/l Rohacell®-Schaum, für den bereits eine LS-Dyna-Materialkarte vorliegt. Da sich der Schaum in diesem Lastfall als essenziell für die Crashperformance erweist, ist für die weitere Crash-Auslegung eine LS-DYNA-Materialkarte für den LeiFu-Schaum detaillierter zu betrachten.

4.2.2.3 Materialkartenentwicklung PU-Schaum

Da sich der im LeiFu-Boden verwendete PU-Schaum stark von dem bereits charakterisiert vorliegenden Rohacell®-Schaum unterscheidet, war es notwendig die Crash-Auslegung am Gesamtfahrzeug mit einer auf den verwendeten PU-Schaum angepassten LS-DYNA Materialkarte durchzuführen. Es wurden Tests zur Charakterisierung des Schaumes bei unterschiedlicher Dichte und unterschiedlicher Dehnrate durchgeführt. Es wurden Proben mit Schaumdichten von 150 g/l, 200 g/l und 250 g/l bei Dehnraten von 1/s, 10/s und 100/s auf Zug, Druck und Schub getestet. Im Sinne des Leichtbaugedankens wurde entschieden, zunächst den Schaum mit der geringsten Dichte von 150 g/l im Konzept einzusetzen und folglich zunächst für diesen Schaum eine LS-DYNA Materialkarte zu erstellen.

Für die Anpassung der bestehenden LS-Dyna-Materialkarte wurden zunächst die Versuchsaufbauten in einem LS-DYNA-Modell geometrisch analog aufgebaut. Die Berechnung mit der bei Daimler verfügbaren LS-DYNA Materialkarte für Rohacell®-Schaum zeigt, wie vermutet, ein grundsätzlich anderes mechanisches Verhalten als die Proben mit dem PU-Schaum – insbesondere bei Zugbelastung. Abb. 4.35, 4.36 und 4.37 zeigen den Vergleich zwischen den Versuchsdaten mit dem 150 g/l PU-Schaum und

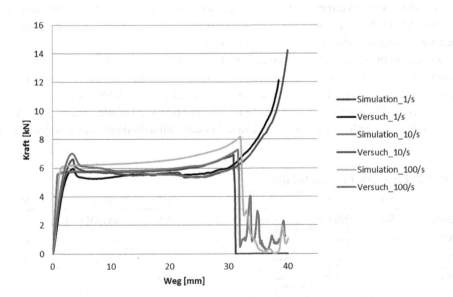

Abb. 4.35 Druckversuch PU-Schaum 150 g/l vs. Simulation Rohacell® 110 g/l

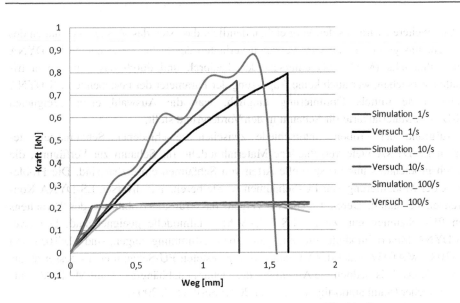

Abb. 4.36 Zugversuch PU-Schaum 150 g/l vs. Simulation Rohacell® 110 g/l

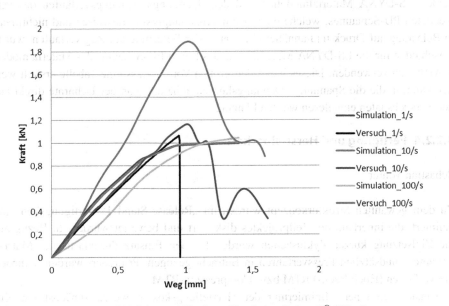

Abb. 4.37 Schubversuch PU-Schaum 150 g/l vs. Simulation Rohacell® 110 g/l

den Simulationsergebnissen mit der 110 g/l Rohacell®-Materialkarte. Da im Drucklastfall die Kraft-Weg-Kurve der Simulation oberhalb der Kraft-Weg-Kurve des Versuchs mit dem PU-Schaum liegt, lassen die Ergebnisse befürchten, dass die Vorauslegung am Ersatzlastfall „Boden PCT" mit der Rohacell® Materialkarte zu optimistisch bzgl. des realen Verhaltens des PU-Schaumes ist.

Des Weiteren wird aus den Vergleichen deutlich, dass sich das Versagensverhalten des PU-Schaums grundsätzlich vom Versagensverhalten des bisher verwendeten LS-DYNA Materialmodells (MAT_144) unterscheidet. Dadurch und durch das Fehlen von triaxialen Versuchen, war auch keine Anpassung der Parameter der bestehenden LS-DYNA Materialkarte mittels Optimierung möglich, was die Auswahl einer geeigneten LS-DYNA Materialkarte für Schaum in den Vordergrund stellt.

Aufgrund der großen Unterschiede zwischen verschiedenen Schaumarten stehen in LS-DYNA viele verschiedene Materialmodelle für Schaum zur Verfügung, die jedoch größtenteils nur für spezielle Arten von Schäumen einsetzbar sind. Die Problematik der Modellierung von PU-Schäumen wurde bereits auf diversen LS-DYNA Konferenzen behandelt. Deren Ergebnisse zeigen, dass für die Abbildung des Verhaltens von PU-Schäumen nur wenige LS-DYNA Materialmodelle geeignet sind. Die zwei LS-DYNA Materialmodelle, die eine gute Übereinstimmung zeigen, sind MAT057 und MAT083. MAT057 bildet das Verhalten vom getesteten PU-Schaum etwas besser ab als MAT083. Dafür ist jedoch die Abbildung der Dehnratenabhängigkeit mit MAT038 deutlich einfacher (Sambamoorthy und Halder 2001; Serifi et al. 2003).

Basierend auf den Ergebnissen der Konferenzen, den einstellbaren Parametern auf beiden LS-DYNA Materialmodellen und den Spannungs-Dehnungsverläufen des verwendeten PU-Schaumes, welche eine Dehnratenabhängigkeit aufweisen und nichtlinear in Belastung auf Druck und annähernd linear in der Belastung auf Zug verlaufen, wurde entschieden für die LS-DYNA Materialkarte des LeiFu PU-Schaums das Materialmodell MAT083 zu verwenden. Dieses bietet den großen Vorteil, dass eine Tabelle erstellt werden kann, in die die Spannungs-Dehnungskurven abhängig von der Dehnrate direkt aus den Versuchsdaten eingelesen werden können.

4.2.2.4 Fertigung und Herstellbarkeit

Sebastian Vohrer

Zu dem gewählten Strukturkonzept wurden im „Release-Stand 1" Fertigungskonzepte definiert, die innerhalb des Teilprojektes diskutiert und bewertet wurden. In Bezug auf die Zielsetzung kurzer Zykluszeiten wurden für den Einsatz duroplastischer Matrixsysteme grundsätzlich Pressverfahren in Betracht gezogen. Priorisiert wurden demnach die Verfahren (Hochdruck-) RTM bzw. Compression-RTM.

Hinsichtlich einer Minimierung der Herstellungskosten wurde zunächst ein einstufiger Fertigungsprozess für die Hauptboden-Sandwichstruktur, ein sogenannter „One-Shot-Prozess" priorisiert. Als alternative Konzepte wurden Konzepte mittels Ausschäumen (siehe Abb. 4.38) und flächiges Verkleben des Schaumkerns mit den Decklagen betrachtet. Bei der Bewertung der Herstellbarkeit wurde das „One-Shot"-Verfahren aufgrund der hohen Anforderungen an das Schaumsystem bezüglich der Druckstabilitäten für ein (Hochdruck-) RTM-Verfahren als kritisch bewertet und das Ausschäumen als priorisiert zu verfolgendem Konzept ausgewählt. Für die Fertigung

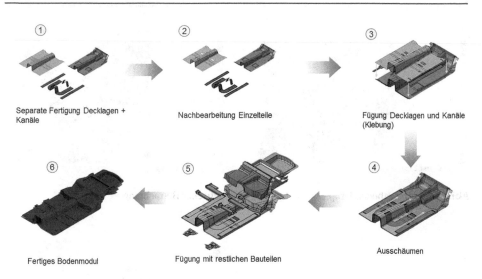

Abb. 4.38 Fertigungskonzept Sandwichstruktur „Skin-First" mit reaktivem Ausschäumen

der monolithischen Bauteile wird aufgrund der niedrigen realisierbaren Zykluszeiten ein Compression (C-)-RTM-Verfahren definiert.

Zur Beurteilung der Herstellbarkeiten der Strukturen wurden die Aspekte „Herstellung monolithischer Bauteile" und „Herstellung des Sandwichaufbaus" des Hauptbodens separat betrachtet. Die Herstellbarkeitsuntersuchung der monolithischen Bauteile fokussiert die Drapierbarkeit der Bauteile über kinematische Drapiersimulationen. Über eine Bewertung der Sandwichherstellung wird eine Priorisierung des Zielprozesses durchgeführt.

Kinematische Drapiersimulation

Für die Untersuchung der Herstellbarkeit einzelner Faserverbundbauteile sollen einzelne, repräsentativ ausgewählte Bauteile bezüglich ihrer Herstellbarkeit beurteilt werden. Im Rahmen der Beurteilung der Herstellbarkeit wurden die aus der Geometrie resultierenden Faserwinkel mithilfe einfacher und zügig realisierbarer kinematischer Drapiersimulationen durchgeführt. Mithilfe dieser sollte eine erste Aussage zu den Faserwinkeln ermöglicht werden, um von optimistischen Annahmen zu realistischen Faserwinkelverläufen zu gelangen. Diese Untersuchungen wurden für die Oberschale des Hauptbodens, den Heckquerträger und die Rückbank durchgeführt. Im Fall der komplexen Geometrie des Hauptbodens mit integrierten Sicken zur NVH-Versteifung (vgl. Abb. 4.39) lässt die Simulation für die 45° ausgerichteten Lagen keine Aufschlüsse über mögliche Faserwinkeländerungen zu.

Der Heckquerträger (vgl. Abb. 4.40) wurde im Rahmen der Konzeptdetaillierung umkonstruiert, um die Torsionslasten durch einen Geflechtholm aufzunehmen und hierdurch gleichzeitig eine Herstellbarkeit zu gewährleisten, da die Wandstärke durch die Umkonstruktion für die Einzelteile unter eine realisierbare Grenze reduziert werden konnte.

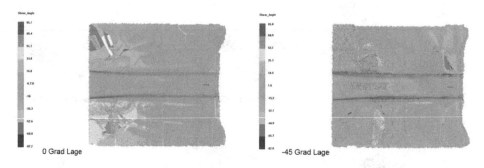

Abb. 4.39 Hauptboden Drapierwinkel gemäß kinematischer Betrachtung

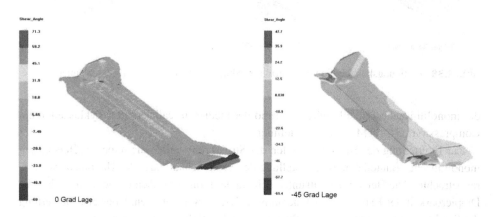

Abb. 4.40 Querträger Drapierwinkel gemäß kinematischer Betrachtung

Für die Herstellbarkeit der Rücksitzbank wurden verschiedene Schnittmuster analysiert, um ein möglichst faltenfreies Drapierverhalten zu ermöglichen. Abb. 4.41 zeigt die Faserwinkelverschiebungen auf der Rücksitzbank. Trotz auftretender numerischer Probleme aufgrund des nicht experimentell bestimmten „Locking Angle" und den verwendeten Elementgrößen in der numerischen Simulation deuteten die Resultate auf vielversprechende und auch in einem Prozess umsetzbare Schnittmuster.

Sandwich
Die Herstellung von Sandwich-Strukturen mit Schaumkernen ist in serientauglichen Prozessen eine besondere Herausforderung. Die mechanischen Anforderungen an einen Schaum im Bauteil können mit Dichten kleiner 200 g/l im Allgemeinen gut erfüllt werden, solange eine Anbindung an die Decklagen gewährleistet ist. Abhängig vom Fertigungsverfahren einer Sandwich-Struktur sind die Prozessparameter während der Herstellung für den Schaumkern dimensionierend. Zum Beispiel lässt sich nach momentanem Wissensstand für den derzeitigen Zielprozess (Hochdruck-RTM-Verfahren) kein vorgefertigter PU-Schaumkern mit einer Dichte von unter 200 g/l verarbeiten.

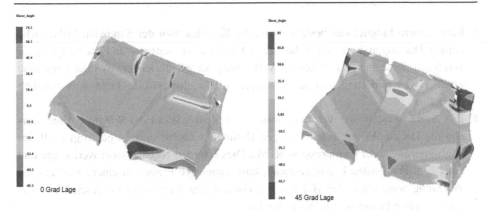

Abb. 4.41 Rückbank Drapierwinkel gemäß kinematischer Betrachtung

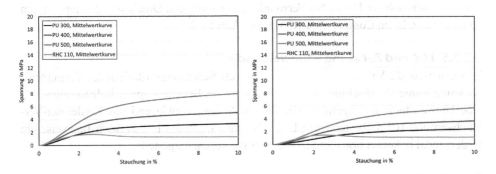

Abb. 4.42 Spannungs-Dehnungs-Diagramm verschiedener Schäume bei 100 °C (links) und 120 °C (rechts)

Die Abhängigkeit der Steifigkeit von Schaumdichte (300–500 g/l) und Temperatur ist für PU-Schäume verschiedener Dichte in Abb. 4.42 dargestellt. Zusätzlich ist als Referenz ein preislich hoch angesiedelter ROHACELL®-Schaum mit einer nominalen Dichte von 110 g/l im Diagramm aufgenommen worden. Diese Kurven lassen eine erste Abschätzung zu, welche Schäume bei welcher Dichte dem auszuwählenden Prozess bei verschiedenen Temperaturen und Drücken standhalten können.

Es wurden verschiedene Lösungsansätze für die Herstellung der Sandwich-Konstruktion diskutiert:

1. Ein druckstabiler Schaum höherer Dichte könnte verwendet werden. Dies würde je nach resultierender Zunahme des Kerngewichts allerdings die Gewichtsersparnis gegenüber Stahl bei dem gewählten Sandwichkonzept der Unterbodenmodule stark vermindern.
2. Eine andere Alternative wäre die Anpassung des Prozesses in Richtung niedrigerer Drücke und Temperaturen, wobei dies zu längeren Zykluszeiten, fehlerhafter Imprägnierung der Fasern oder Porosität führen kann.

3. Eine weitere Möglichkeit besteht darin, die Konstituenten der Sandwichstruktur (die beiden Decklagen und den Schaumkern) einzeln zu fertigen und nachträglich zu verkleben. Eine gute großflächige Verklebung zu gewährleisten ist allerdings eine große Herausforderung und im Serienprozess möglicherweise nicht wirtschaftlich darstellbar.
4. Die letzte vorstellbare Variante basiert auf dem „Skin-First-Prinzip". Hier werden die Decklagen wie bei vorheriger Methode zunächst einzeln gefertigt (z. B. im High-Pressure- oder Compression-RTM). Dies erfordert folglich zwei Werkzeuge und eine, dem Prozessdruck entsprechend, kostenintensive Presse. In einem zusätzlichen Werkzeug wird dann der Hohlraum zwischen den Decklagen ausgeschäumt, was einen zweiten Prozessschritt zur Folge hat.

Anzumerken ist, dass auch eine Kombination von Lösungsansatz 1 und 2 mit einem Schaum etwas höherer Dichte bei Verwendung von niedrigen Drücken und Temperaturen denkbar ist (z. B. im Compression-RTM), vgl. Abb. 5.42.

4.2.2.5 LCA und Recycling – Umweltstudie

Wesentlich für die Validität der Ergebnisse und als Bewertungskriterium der Konzeptentwicklung wurde als Abschluss der Erstbewertung des Bodenkozepts („Release-Stand 1") eine Umweltstudie durchgeführt. Hierfür wurde dem vorwiegend aus Kohlefaser-Verbundwerkstoff (CFK) bestehenden LeiFu-Hauptbodenmodul in Sandwich-Bauweise ein Bodenmodul in konventioneller Stahlausführung gegenübergestellt.

Umweltstudie zum Bodenkonzept einer S-Klasse im Rahmen von LeiFu

Im Rahmen der Studie wurde der gesamte Lebenszyklus bilanziert; mit Ausnahme der Entsorgung beider Unterbodenalternativen. So war es möglich, die Umwelteigenschaften beider Ausführungen zu charakterisieren, die aktuellen und künftigen Vor- und Nachteile der Alternativen zu identifizieren sowie eine relative Bewertung hinsichtlich der Umweltverträglichkeit abzuleiten. Hierauf aufbauend lassen sich sowohl die signifikantesten Potenziale analysieren als auch weitere Forschungsbedarfe identifizieren.

Vorgehensweise, Randbedingungen und Annahmen

Die gezielte Festlegung geeigneter Eingangswerte und realistischer Bedingungen für die Umweltstudie konnten aufgrund der engen Kooperation mit dem Projektpartner Daimler gewährleistet werden. Die in Anlehnung an die Normen ISO 14040:2006 und ISO 14044:2006 durchgeführte Studie weist potenzielle Umweltauswirkungen der Bauteile von der Rohstoffgewinnung über die Produktion und Nutzungsphase aus. Der Bezugsraum der Studie ist Deutschland. Dementsprechend ist auch für die notwendige Energie ein Life Cycle Inventory (LCI) Datensatz verfügbar, der den deutschen „Strommix" repräsentiert. Des Weiteren wurde der Studie folgende Annahmen zugrunde gelegt:

- Laufleistung: 300.000 km
- Zwei Szenarien für Kraftstoffersparnis durch eingespartes Gewicht: 0,1 und 0,3 l pro 100 km je 100 kg Gewichtseinsparung (zukünftige hocheffiziente Motoren mit Hybridisierung bzw. Stand der Technik)
- Benzinmotor

Auf Basis des Konzepts für den CFK-Unterboden (inklusive Herstellungskonzept) und den Daten der konventionellen Stahlvariante lässt sich folgendes ableiten:

- Gewicht von Stahl- und CFK-Variante (Ausschnitt): 87,3 kg bzw. 40,3 kg (nach Angaben des Projektpartners DLR)
- Verschnitt bei beiden Varianten: 40 %

Der Stahlverschnitt wird dabei unter Berücksichtigung eines entsprechenden Aufbereitungsschrittes im Kreislauf geführt. Für das Recycling des CFK-Verschnitts wurde ein Pyrolyseverfahren eingesetzt und eine Wertkorrektur mit Faktor 0,42 für die Carbonfaser angenommen. Als Energieträger ist dabei die Epoxidmatrix des CFK einsetzbar, da es sich bei diesem Verfahren um einen autarken Prozess handelt, der keine externe Energiezufuhr benötigt. Daraus lässt sich ableiten, dass 1 kg Sekundärcarbonfaser den gleichen Wert wie 0,42 kg Primärcarbonfaser hat. Der Produktionsausschuss (nicht korrekt gefertigte Teile) ist für beide Varianten vernachlässigbar, da er auf max. 1 % geschätzt wird. Die Montage der Unterböden sowie der Einbau des Gesamtunterbodens in einer S-Klasse werden in den Berechnungen nicht berücksichtigt.

Ergebnisse

Bei einer angenommenen Kraftstoffersparnis für ein Oberklassefahrzeug von 0,3 l/100 km bei 100 kg Gewichtsreduktion (Benzinmotor) und vor dem Hintergrund der oben skizzierten Parameter wird deutlich, dass das LeiFu-Bodenmodul seinem konventionellen Pendant in allen betrachteten Wirkungskategorien (siehe Abb. 4.43) überlegen ist. Hierbei haben die Kategorien abiotischer Ressourcenverbrauch (fossil), Klimaänderung und Sommersmog bei dieser Betrachtung die höchste Relevanz. Eutrophierung und Versauerung werden hingegen kaum durch ein Bodenmodul dieser Art beeinflusst. Höhere Umweltbelastungen durch die Herstellung des Unterbodens sind aufgrund der niedrigeren Umweltbelastung im Laufe der Nutzung schon nach weniger als 150.000 km Laufleistung in den relevanten Umweltkategorien kompensiert. Die Ergebnisse des Vergleichs werden hauptsächlich durch die Produktion der Carbonfaser sowie die Fahrleistung des Fahrzeugs inklusive der Kraftstoffeinsparung durch die Gewichtsreduktion beeinflusst. Je länger der Unterboden genutzt werden kann, desto besser wird die Umweltperformance der CFK-Alternative. Nach 85.000 km ist der „Break-Even-Point" in der Kategorie Klimaänderung bereits erreicht (siehe Abb. 4.44).

Bei minimal prognostizierter Kraftstoffersparnis pro Gewichtsersparnis (Hybridfahrzeuge mit hocheffizienten Verbrennungs- und Elektromotoren inklusive Rekuperation)

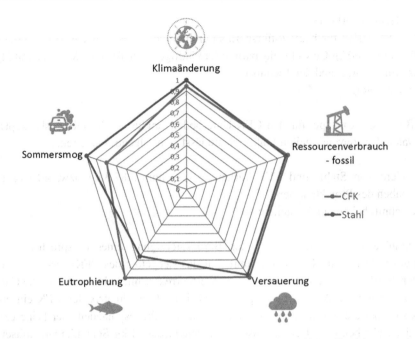

Abb. 4.43 Umweltauswirkungen bei 0,3 l Kraftstoffersparnis pro 100 kg Gewichtersparnis und 100 km

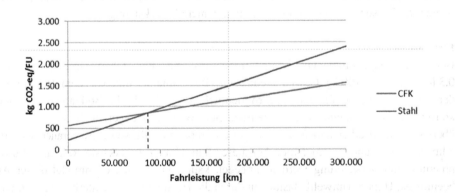

Abb. 4.44 Klimaänderung – „Break-Even-Point" (0,3 l/100 km/100 kg)

hat die CFK-Variante nur bei Sommersmog ausgeprägte Vorteile. In den rest-lichen relevanten Wirkungskategorien ergeben sich hier keine ausgeprägten Vorteile (Abb. 4.45). Die höhere Umweltbelastung bei der Herstellung des Unterbodens kann durch die niedrigere Umweltbelastung in der Nutzenphase aufgrund des geringeren Gewichts gegenüber der Stahl-Alternative über die vergleichsweise hohe Laufleistung von 300.000 km in den relevanten Umweltkategorien (nahezu) ausgeglichen werden, wie am Beispiel Klimaänderung zu erkennen ist (Abb. 4.46).

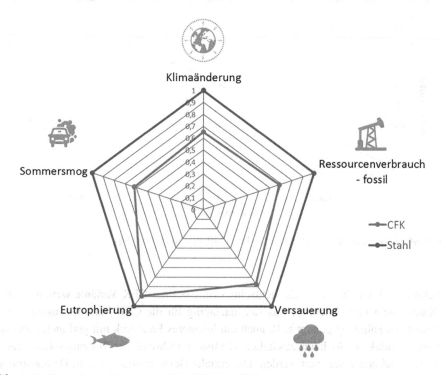

Abb. 4.45 Umweltauswirkungen bei 0,1 l/100 km/100 kg

Zusammenfassung

Für beide Versionen des Bodenmoduls zeigen die Kategorien Ressourcenverbrauch (fossil), Klimaänderung und Sommersmog die größte Relevanz für die Umwelt. Die entscheidenden Faktoren sind der Energiebedarf zur Produktion der Carbonfaser, die Fahrleistung und die Kraftstoffeinsparung durch Gewichtsreduktion.

Die CFK-Alternative erreicht den Break-Even-Point bei einer Kraftstoffersparnis von 0,3 l pro 100 km und 100 kg Gewichtsreduktion in den relevanten Wirkungskategorien zwischen etwa 10.000 und 150.000 km Fahrleistung. Bei einer reduzierten Kraftstoffersparnis von 0,1 l pro 100 km und 100 kg Gewichtsreduktion, wie sie in hocheffizienten Hybridfahrzeugen zu erwarten ist, zeigt die CFK-Alternative trotz großer Gewichtseinsparung nur in der Kategorie Sommersmog wesentliche Vorteile.

Diskussion und Ausblick

Gewichtsreduktionspotenziale und die damit verbundene Kraftstoffeinsparung sind effektiv nutzbar und führen zu geringerer Umweltbelastung. Für Hybridfahrzeuge ist die Bedeutung der Gewichtseinsparung jedoch wegen der Rekuperationsmöglichkeit geringer.

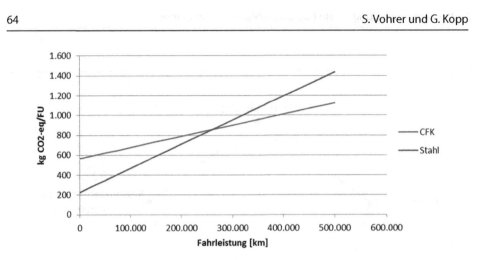

Abb. 4.46 Klimaänderung – „Break-Even-Point" (0,1 l/100 km/100 kg)

Sekundäreffekte durch die Gewichtseinsparung bei der CFK-Variante werden in dieser Studie nicht berücksichtigt, was sich nachteilig für die CFK-Variante auswirkt. Für ein leichteres Fahrzeug genügt z. B. auch ein leichteres Fahrwerk mit geringerer Steifigkeit und Festigkeit. So kann zusätzlich Kraftstoff während der Nutzungsphase durch Gewichtsreduktion eingespart werden. Die erzielte Gewichtsreduktion im Demonstratorkonzept des Bodenmoduls scheint nach Expertenmeinung vorerst das maximal erreichbare zu sein und es ist nicht davon auszugehen, dass dieser Wert auch für viele andere Bauteile eines Fahrzeugs erzielbar ist.

Durch optimierte Herstellungsprozesse der CFK-Bauteile ist eine weitere Reduktion der Umweltauswirkungen möglich. Hierfür sind der Energiebedarf für die Carbonfaserherstellung sowie der Materialausschuss während der Bauteilfertigung zu reduzieren. Zusammen mit einem gesteigerten Anteil regenerativer Energien im Strommix würde sich dies positiv auf die CFK-Variante mit hohem Energiebedarf während der Herstellungsphase auswirken. Letztendlich könnte eine Entwicklung in diese Richtung auch bei hocheffizienten Hybridfahrzeugen zu entscheidenden Vorteilen des CFK-Bodenmodulkonzepts im Vergleich zur Stahlvariante führen.

4.2.3 Konzept-Detaillierung „Release-Stand 2"

Sebastian Vohrer und Annika Ackermann

Anhand der Hinweise aus den Vorbewertungen hinsichtlich Crash, NVH und Herstellbarkeit sowie erster Rückläufe aus den Technologieuntersuchungen wurden Konzept und Konzeptkonstruktion weiter angepasst. Eine Bewertung der resultierenden Gewichtseinsparpotenziale der unterschiedlichen Technologien kann entweder mit einer konstruktiven Berücksichtigung in der CAD-Geometrie oder einer Abbildung der Technologie-Kennwerte in der FE-Simulation stattfinden. Im Folgenden werden die Funktionen hinsichtlich ihrer möglichen Berücksichtig in der konstruktiven Auslegung des Bodenkonzeptes aufgelistet.

4.2.3.1 Mechanische Funktionen

Eine Übersicht der Integrationselemente im Bereich der mechanischen Funktionen zeigt Tab. 4.3.

Für die Optimierung des NVH-Verhaltens lassen sich die bisher im Serienfahrzeug verwendeten NVH-Schwerematten anhand des im Konzept umgesetzten Sandwichaufbaus sowie durch eingebrachte Sicken kompensieren.

Im Bereich der mechanischen Funktionen können zur werkstoffgerechten Auslegung der Faserverbundstrukturen eine integrierte Lastpfadverstärkung entlang der Belastungsrichtungen des Bodenmoduls in verschiedenen Lastfällen mittels textiler Halbzeuge, wie bspw. dem „Open-Reed-Weaving"-Prozess (ORW) zum Einsatz kommen.

Zur Bewertung der Leichtbaupotenziale wurde eine Auslegungsmethodik wie in Abb. 4.47 dargestellt exemplarisch an einem Bauteil des Bodenmoduls durchgeführt. Zur Bestimmung des Verlaufs der Faserverstärkungen werden zunächst mithilfe einer Topologie-Optimierung die grundlegenden Lastpfade anhand einer Überlagerung der relevanten Lastfälle identifiziert. Liegen mehrere Lastfälle gleichzeitig vor, kann bei Minimierung der gewichteten Nachgiebigkeit („Weighted Compliance") deren Einfluss auf das Ergebnis der Optimierung mit Gewichtungsfaktoren eingestellt werden. Im betrachteten Fall wirken insgesamt sieben Lastfälle auf die Struktur: drei quasistatische und vier Crashlastfälle, welche über statische Ersatzlasten berücksichtigt werden.

Unter Berücksichtigung der notwendigen Fertigungsrandbedingungen können aus den resultierenden Lastpfaden Verstärkungsstrukturen identifiziert und im FE-Modell modelliert werden. In der nachfolgenden Size-Optimierung können nun die Lastpfadverstärkungen unabhängig zum Grundlaminat optimiert werden. Dabei werden die Laminate mit dem Ziel der globalen Masseminimierung bei Gewährleistung der geforderten Steifigkeits-/und Festigkeitsrestriktionen dimensioniert.

Anhand einer Analyse der Spannungsverteilung in der Verstärkungsstruktur kann diese weiter unterteilt werden, sodass die Verstärkung an weniger beanspruchten Bereichen reduziert werden kann und sich somit eine möglichst homogene Spannungsverteilung einstellt. Durch die Unterteilung besitzt die entstehende Verstärkungsstruktur, im Folgenden als „V1" bezeichnet, wieder mehr Freiheitsgrade und kann somit besser an Beanspruchungen angepasst werden. Im Vergleich zur Auslegung mit einem unverstärkten Multiaxial-Gelege liegt die Bauteilmasse der Auslegung mit einem ORW-Gewebe um 4 % höher, diejenige mit einem Tape-verstärkten Gelege um 8 % niedriger. Der Unterschied kommt zu einem großen Teil aus der Annahme eines ausgewogenen Gewebes. Bei einem Einsatz von unausgeglichenen Geweben ist eine Annäherung der Ergebnisse an die der Multiaxialgelege zu erwarten.

Tab. 4.3 Mechanische Funktionen in „Release-Stand 2"

Funktion	Steifigkeit/Festigkeit	Steifigkeit/Festigkeit	Steifigkeit/Festigkeit	NVH	NVH	Crash	Crash
Technologie	ORW (Lastpfadverstärkung)	ORW (Lochleibungsverstärkung)	Oberflächenmodifizierung C-Faser	CFK-PUR-Sandwich	Sicken	CFK-PUR-Sandwich	Drahtintegration
Einsatzort	Lastpfadverstärkung in Haupt- und Heckboden	Sitzanbindungen	Hochbelastete Strukturbereiche	Hauptboden	Hauptboden und Rücksitzbank	Crashbereich des Hauptbodens	Crashbereich des Hauptbodens
CAD-Umsetzung	–	–	–	✓	✓	✓	–
FEM-Umsetzung	✓	–	–	✓	✓	✓	–

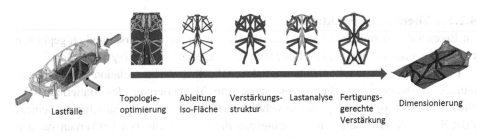

Abb. 4.47 Vorgehen zur Auslegung von Faserverbundstrukturen mit lokalen Lastpfadverstärkungen (Vohrer et al. 2017)

Sollen weitere Fertigungsrandbedingungen berücksichtigt werden, wie in diesem Fall in Form einer Begrenzung der Anzahl sowie eines durchgängigen Verlaufs der einzelnen Lastpfadverstärkungen, kann die Struktur unter Reduktion der Freiheitsgrade nochmals verändert werden. Mit dieser als „V2" bezeichneten Verstärkungsstruktur (siehe Abb. 5.47 rechts) liegt die Masse der Auslegung mit einem ORW-Gewebe um 15,4 % höher, mit einem Tape-verstärkten Gelege um 3 % niedriger im Vergleich zur unverstärkten Referenz. Die Ergebnisse sind in Abb. 4.48 dargestellt. Das unverstärkte Gewebe resultiert trotz ähnlicher Materialeigenschaften im Vergleich zum Multiaxial-Gelege in einer um 12,5 % höheren Masse.

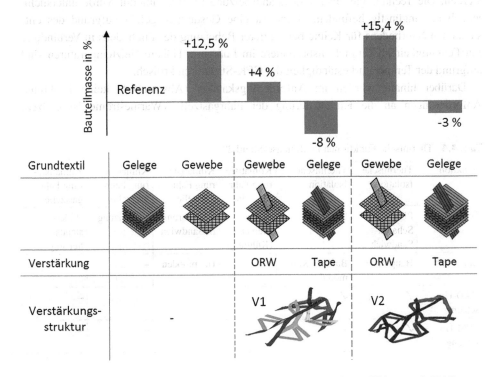

Abb. 4.48 Potenzial zur Gewichtseinsparung durch Lastpfadverstärkung (Vohrer et al. 2017)

4.2.3.2 Thermische Funktionen

Im Bereich der thermischen Funktionen konnte nur ein Teil der ursprünglich geplanten Funktionen und Technologien im Bodenkonzept umgesetzt werden (vgl. Tab. 4.4).

Die beiden zentralen Elemente sind dabei die thermische Isolation des Fahrgastraumes gegenüber des Abgasstrags sowie die Temperierung des Batteriemoduls. Die thermische Isolation ist voraussichtlich erfüllbar, wenn die Struktur aus einem PUR-Sandwich hergestellt wird, wohingegen die Verwendung von Faltkernen für den Einsatz im Bodenmodul als kritisch bewertet wurde, da eine Serienfähigkeit für einen flächigen Einsatz im Bodenmodul nicht gegeben ist. Aufgrund ihrer Eignung als medienleitender Strukturkern werden sie jedoch im Bereich Kühlmodul des Energiespeichers weiter betrachtet.

Für einen Einsatz hinsichtlich der Klimatisierung der Fahrgastzelle wurden diverse untersuchte Technologien als nicht zielführend eingestuft. Peltier-Elemente liefern für die Klimatisierung der Fahrgastzelle aufgrund ihrer niedrigen Wirkungsgrade keine ausreichende Kühlleistung. Eine aktive Kühlung des Fahrgastinnenraumes durch im Sandwich integrierte Kühlkanäle wurde aufgrund ihres ungenügenden Wärmeaustausches ausgeschlossen.

Eine Heizung mittels Infrarotstrahlung konnte vom Unterboden aus aufgrund der Positionierung unter dem Teppich im Fahrgastraum als nicht zielführend eingestuft werden. Die Technologie einer Widerstandsheizung im Bodenmodul wurde untersucht, jedoch als ungünstig befunden. Grund ist eine Gesundheitsgefahr aufgrund des entstehenden Nährbodens für Keime bei mittlerer Beheizung des Fußbodens in Verbindung mit Feuchtigkeit im Teppich insbesondere im Fußraum. Höhere Heiztemperaturen sind aufgrund der Temperaturbeständigkeit der CFK-Strukturen kritisch.

Darüber hinaus wurden im Anforderungskatalog (Abschn. 4.1) keine konkreten Anforderungen an die Klimatisierung der Fahrgastzelle (Wärmeströme Heiz- bzw.

Tab. 4.4 Thermische Funktionen in „Release-Stand 2"

Funktion	Thermische Isolation	Thermische Isolation	Klimatisierung Fahrgastzelle	Klimatisierung Fahrgastzelle	Klimatisierung Fahrgastzelle	Klimatisierung Fahrgastzelle
Technologie	PUR-Schaum-Sandwich	Faltkerne	Peltier-Elemente (Kühlung)	Luftführung in Sandwich	IR-Heizung	Widerstandsheizung
Einsatzort	Hauptboden	Batterie-Kühlmodul	–	Hauptboden	–	–
CAD-Umsetzung	✓	✓	–	✓	–	–
FEM-Umsetzung	✓	–	–	✓	–	–

Kühlleistungen) definiert. In der Gesamtkonzeption wurde die Funktion der Klimatisierung des Fahrgastraumes nicht weiter betrachtet. Stattdessen werden die Integration von Kühlrohren direkt in die Sandwichstruktur sowie aktive Heizfunktionen über Heizdrähte oder aufgedruckte Heizfunktionen für die Regulierung des thermischen Umfelds direkt im Batteriemodul weiter betrachtet.

4.2.3.3 Elektrische Funktionen

Im Bereich der elektrischen Funktionen konzentrieren sich die Untersuchungen auf die Submodule HV-Batterie und Induktives Laden (siehe Tab. 4.5).

Die HV-Leitung richtet hohe Anforderungen an die Isolation und Abschirmung sowie an Zugänglichkeit und Austauschbarkeit. Der hohe Querschnitt kann schlecht in die im Vergleich recht dünne Faserverbundstruktur mit einlaminiert werden. Zudem ist die Zugänglichkeit/Austauschbarkeit bei einer Integration in einen Sandwichaufbau nicht gegeben. Das Bordnetz wäre geometrisch integrierbar. Es ist als Leitungsbündel vorgesehen, aber der nachträgliche Montageaufwand ist hoch, die Herstellbarkeit kritisch und zudem ist kein Gewichtsvorteil nachweisbar, eine Integration des Bordnetzes wurde somit im Konzept zum Release-Stand 2 hin verworfen.

Die Integration von Signalleitungen wäre ebenfalls möglich, jedoch gibt es auch hier keine Technologieuntersuchung, sodass die Funktion im Konzept nicht abbildbar ist und daher nicht berücksichtigt wird. Die Masseleitung kann über integrierte Drahtgewebe in Kombination mit einer Verbesserung der Crasheigenschaften realisiert werden, wobei der Nachweis in FEM noch aussteht und nach Vorliegen von Kenntnissen zu mechanischen Kennwerten überprüft werden.

Tab. 4.5 Elektrische Funktionen in „Release-Stand 2"

Funktion	HV-Leitung	Bordnetz-Leitungen (12 V/48 V)	Signal-leitungen (BUS)	Masselei-tung	HV-Batterie	Induktives Laden
Techno-logie	Struktur-integrierte Leitung	Struktur-integrierte Leitung	Ein-laminierte Leiter-bahnen	Draht-integration	Mit-tragendes Gehäuse	Auf-gestickte Spule
Einsatzort	–	–	–	Hauptboden	Struktur-integrierte Gehäuse-Unterschale	Textiles Anbauteil in Haupt-boden-bereich
CAD-Um-setzung	–	–	–	–	✓	✓
FEM-Um-setzung	–	–	–	–	✓	✓

Tab. 4.6 Sensorische Funktionen in „Release-Stand 2"

Funktion	Crashsensorik	Schadenssensorik	Temperatur-sensorik	Flüssigkeits-sensorik
Technologie	Einlaminierte Crashsensoren	PVDF-Fasern	Faserbasierte Sensoren	Gedruckte Inter-digital-strukturen
Einsatzort	Crashbereich des Hauptbodens (Sitzquerträger)	Induktives Laden (PAD)	–	Detektion von Kühlmedium an HV-Batteriemodul
CAD-Umsetzung	–	–	–	–
FEM-Umsetzung	–	–	–	–

Für die HV-Batterie konnte ein teilintegriertes mittragendes Batteriegehäuse in der Bodenstruktur konstruktiv umgesetzt werden. Die Funktion des induktiven Ladens soll als Anbauteil im Hauptbodenbereich umgesetzt werden. Eine Integration der Funktion (Ferritkerne und Ladespule) in die tragende Bodenstruktur ist nicht vorgesehen.

4.2.3.4 Sensorische Funktionen

Alle sensorischen Funktionen lassen sich grundsätzlich in das Konzept integrieren, wobei der Einfluss auf die mechanischen Eigenschaften sowohl bei der Integration der Crash-Sensorik als auch der Schadens-Sensorik separat bewertet werden muss. Eine Berücksichtigung in der konstruktiven Auslegung des Gesamtbodens ist hier nicht zielführend (vgl. Tab. 4.6).

4.2.3.5 Sonstige Funktionen

Technologische Untersuchung von Leitungen, Kanälen und Tanks finden im Projekt nicht statt. Eine konzeptionelle Betrachtung sowie geometrischer Integration von Leitungen und Tanks in Bodenstruktur wurde inklusive des rechnerischen Nachweises zu Steifigkeiten und Festigkeiten durchgeführt (vgl. Tab. 4.7). Entgegen einer Eignung zur Integration von HV-Leitung, Kraftstoffleitung, Batterie-Kühlleitung sowie Bremsleitung ist bereits im Anforderungskatalog die Zugänglichkeit und Austauschbarkeit als Anforderung formuliert worden.

Die Integration von Lüftungskanälen ist zielführend, diese können gleichzeitig als strukturverstärkendes Teil, verwendet werden. Sie bilden eine Verbindung zwischen den Decklagen und eine Abstützung im Crashfall. Zusätzlich bietet die Integration ein sekundäres Gewichtseinsparpotenzial.

Auch die Integration des Kraftstofftanks bietet hohes Gewichtseinsparpotenzial, wie bereits aus Voruntersuchungen bekannt ist. Die aktuelle Auslegung wurde inklusive einer Tankintegration durchgeführt, wobei der Kunststofftank aus der Referenz beibehalten wird. Weiteres Einsparpotenzial ist durch eine zusätzliche Reduzierung der Wandstärken

Tab. 4.7 Sonstige Funktionen in „Release-Stand 2"

Funktion	Kraftstoff-leitung	Hydraulik-leitung (Brems-leitung)	Kühlleitung	Lüftungskanäle	Kraftstofftank
Technologie	Struktur-integrierter Kanal	Struktur-integrierter Kanal	Struktur-integrierter Kanal	Kanäle in Schaum-Sandwich	Struktur-integrierter Kunststofftank
Einsatzort	–	–	–	Hauptboden	Rücksitzbank
CAD-Um-setzung	–	–	–	✓	✓
FEM-Um-setzung	–	–	–	✓	✓

des Tanks (zum Beispiel durch Einsatz einer Tankblase) aufgrund des Entfallens der selbsttragenden Funktion zu erwarten.

4.2.4 Crashuntersuchung im Gesamtfahrzeug

Sebastian Vohrer und Verena Diermann

Zur abschließenden Bewertung des Crashverhaltens des konzipierten Bodenkonzepts wurden Crash-Simulationen am Gesamtfahrzeug mit eingebautem LeiFu-Konzept durchgeführt. Die Simulationen wurden dabei in drei Schleifen durchgeführt. Im Anschluss an die ersten beiden Simulationsschleifen wurden jeweils Anpassungen am Bodenkonzept durchgeführt. Der dritte Simulationslauf wurde als finaler Überprüfungslauf durchgeführt und bildet die abschließende Bewertung der Crasheigenschaften des Lei-Fu-Bodenmoduls.

Folgende sechs Lastfälle wurden dabei zur Bewertung des Bodenmoduls herangezogen:

- Seite, Pfahl, 5-Perzentil-Frau, 32 km/h
- Seite, deformierbare Barriere, 50 km/h
- Front, 100 % Überdeckung, starre Barriere, 56 km/h
- Front, 40 % Überdeckung, deformierbare Barriere, 64 km/h
- Front, 25 % Überdeckung, starre Barriere, 64 km/h
- Heck: 100 %, starre Barriere, 50 km/h.

Die Simulation im ersten Crash-Loop basiert auf dem Konzept im „Release-Stand 2" mit den dort definierten Lagenaufbauten und Wanddicken. Die Auswertung findet an den einzelnen Lastfällen statt und bewertet quantitative Kriterien (maximale Intrusionswege) sowie qualitative Kriterien (Versagen einzelner Strukturbereiche wie Sitzanbindungen oder Knicken einzelner Bodenbereiche). Die Messung der relevanten Intrusionswege findet sowohl im Bodenbereich als auch je nach Lastfall an definierten Punkten der Restkarosserie statt, um mögliche Einflüsse des Bodens auf das Crashverhalten des Gesamtfahrzeuges mit zu überprüfen.

4.2.4.1 Ergebnisse Crashsimulation „Loop1"

Eine hohe Crashanforderung an das Bodenmodul kommt insbesondere in den seitlichen Lastfällen zum Tragen, bei denen eine Intrusion in den Bodenbereich seitens des Gesamtrohbaukonzeptes zur Energieabsorption vorgesehen ist. Gleichzeitig soll ein katastrophales Versagen des Bodenmoduls verhindert werden.

Im Lastfall des seitlichen Pfahlcrashs zeigt sich in der Simulation ein Versagen der Sitzquerträger sowie des Tunnels und infolgedessen ein Einknicken des seitlichen Bodenbereichs (siehe Abb. 4.49). Die Pfahlintrusion erreicht aufgrund dieses ungünstigen Versagens unzulässig hohe Werte.

Auch der seitliche Barrieren-Crash zeigt in der Simulation ein Knicken der Sitzquerträger sowie ein Ausreißen der Sitzanbindungen. Die Intrusionen erreichen auch hier Werte, die über die zulässigen Bereiche hinausgehen.

In den Frontlastfällen wird die Krafteinleitung maßgeblich über den Vorderwagenbereich in das Bodenmodul eingeleitet. Im Falle des betrachteten Hybrid-Antriebsstranges können sich dabei die Antriebsstrangkomponenten wie Motor und Getriebe in den Stirnwand- und vorderen Bodenbereich verschieben. In der Simulation kommt es beim Frontalcrash mit 100 % Überdeckung infolge eines Eindringens des Getriebes in den Tunnelbereich zum Versagen der Tunnelbrücken. Auch in diesem Lastfall ergibt sich ein Ausreißen der Sitzanbindungen.

Im Falle des Frontcrashes mit 40 % Überdeckung entsteht durch den unsymmetrischen Lastfall ein seitliches Eindrücken des Getriebes in den Tunnelbereich infolgedessen es zu einem Aufreißen der Tunnelinnenseite und zum Versagen der Tunnelbrücken kommt.

Abb. 4.49 Ergebnisse der Crashsimulation Pfahl in „Loop 1"

Abb. 4.50   Ergebnisse der Crashsimulation Front 25 % in „Loop 1"

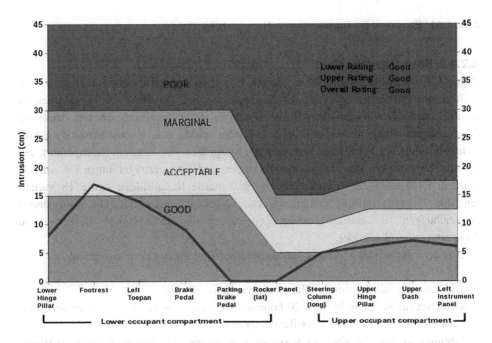

Abb. 4.51   Intrusionswerte der Crashsimulation Front 25 % in „Loop 1"

Der Frontlastfall mit 25 % Überdeckung zeigt in der Simulation wiederholt ein Ausreißen der Sitzanbindungen sowie ein Versagen der Sitzquerträger und Tunnelbrücken
(siehe Abb. 4.50). Die Intrusionen befinden sich lediglich im akzeptablen Bereich, welcher oberhalb der geforderten Grenzen und somit außerhalb der geforderten Werte liegt
(siehe Abb. 4.51).

Im Heckcrash wird ersichtlich, dass sowohl Tank als auch HV-Batterie in crash-ge-
schützen Zonen liegen (siehe Abb. 4.52). Das Versagen der Mulde stellt kein
unzulässiges Verhalten dar. Das Konzept kann somit bezüglich der Sicherheit von Kraftstofftank und Batterie als tauglich eingestuft werden.

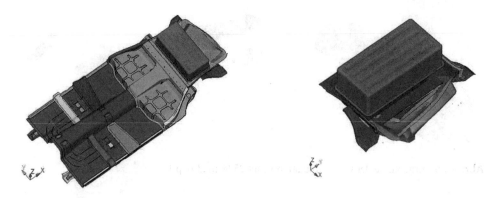

Abb. 4.52 Ergebnisse der Crashsimulation Heck in „Loop 1"

4.2.4.2 Robustheitsanalyse

Anhand der Crashsimulationen in „Loop 1" wurde eine Robustheitsanalyse durchgeführt, um vor einer Anpassung der Konzepte mögliche kritische Einflussfaktoren zu identifizieren, die Aufgrund von Bifurkationen zu einer unvorhergesehenen Änderung des Versagensverhaltens führen könnten. Hierzu wurde eine Robustheitsanalyse hinsichtlich möglicher Fertigungstoleranzen als Störgrößen des Systems durchgeführt, bei der die Lagendicken der Hauptbodendecklagen und Sitzquerträger um ±5 % variiert wurden. Es wurden 12 Varianten über gleichverteilte Raumfüllung sowie 18 Varianten über Normalverteilung erfolgreich simuliert und ausgewertet. Die auftretenden Abweichungen zu unterschiedlichen Zeitpunkten sind in Abb. 4.53 in Form von Temperaturplots abgebildet.

Aus den Ergebnissen können folgende Schlussfolgerungen gezogen werden:

- Die Streuung fällt allgemein sehr gering aus (max. 30 mm)
- Ursachen für Streuung in State 20 kommen nicht aus dem LeiFu-Boden an sich, sondern beruhen auf Strukturen der Restkarosserie
- Streuung in State 24 sind auf Versagen von einzelnen Strukturbereichen im Boden zurückzuführen
- Streuung in State 25 entsteht aufgrund eines zu geringen Flächenträgheitsmoments
- Streuung in State 28 entstehen aufgrund der Biegung des Bodens.

State 20 – 57ms   State 24 – 69ms   State 27 – 78ms   State 28 – 81ms

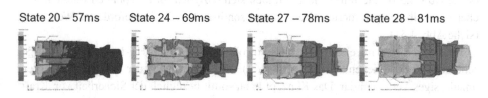

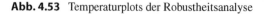

Abb. 4.53 Temperaturplots der Robustheitsanalyse

Bei einer ohnehin notwendigen Vermeidung des unzulässigen Versagens ist eine Reduzierung der Streuung im Bodenbereich zu erwarten. Die Analyse lässt auf ein grundsätzlich sehr robustes Konzept schließen. In den weiteren Schritten sind somit insbesondere
die unzulässigen Versagensformen im Bodenbereich zu vermeiden.

4.2.4.3 Konzeptanpassungen und Ergebnisse Crashsimulation „Loop 2"

Ausgehend von den Analysen der Crashsimulationen in „Loop 1" wurden folgende
Anpassungen des Konzeptes vorgenommen.

Zur Vermeidung des unzulässigen Versagens der Sitzquerträger wurde dieser partiell
mit Schaum gefüllt sowie die Laminatdicke lokal in Richtung Fahrzeugmitte erhöht.
Zusätzlich wurden die Radien weiter vergrößert (Abb. 4.54). Zur Vermeidung des Aus-
reißens der Sitzanbindungen wurden Stahlinserts definiert, welche im CAE durch eine
künstliche Versteifung des Anbindungsbereichs modelliert wurden.

Als weitere Maßnahme wurde die Form des hinteren Sitzquerträgers auf einen sich
zum Tunnel hin aufweitenden Konus hin abgeändert (Abb. 4.55).

- Radien entschärft

- Partieller Schaumkern
  eingefügt

Abb. 4.54 Anpassung Sitzquerträger für Crashsimulation „Loop 2"

- Vorschlag: leichte Konus-Form in Richtung Tunnel beider
  Sitzquerträger

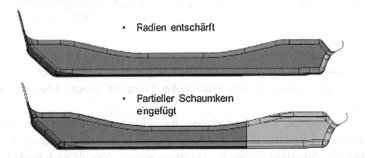

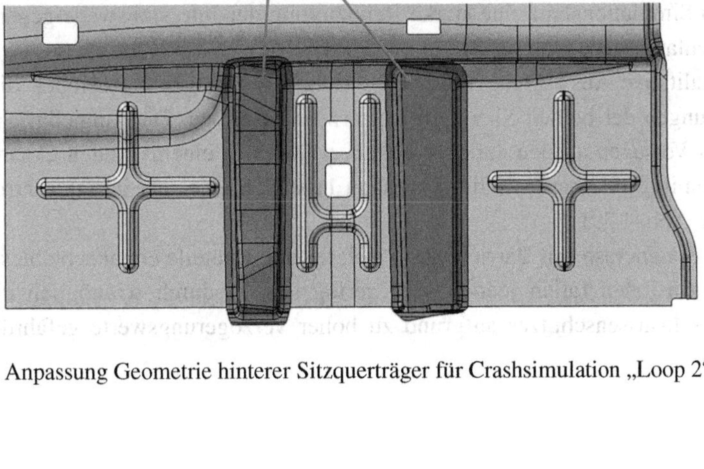

Abb. 4.55 Anpassung Geometrie hinterer Sitzquerträger für Crashsimulation „Loop 2"

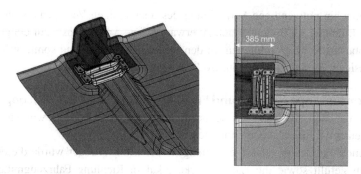

• Vorschlag: Verstärkung über gesamten Anbindungsbereich Getriebebrücke

Abb. 4.56 Verstärkungsblech an Tunnelinnenseite für Crashsimulation „Loop 2"

Abb. 4.57 Lagenaufbau
der Bodendecklagen für
Crashsimulation „Loop 2"

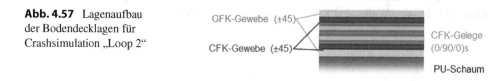

Zur Vermeidung des Aufreißens der Tunnelinnenseite aufgrund des eindringenden Getriebes wird ein Stahlblech mit Wanddicke 1 mm im Eindrückbereich eingeführt (Abb. 4.56).

Als Gegenmaßnahme zum Ausknicken des seitlichen Bodenbereichs wurden die Lagenaufbauten der Bodendecklagen erhöht. Es wurde sowohl die untere Bodendecklage auf die Lagendefinition der oberen Decklage angeglichen als auch beide Decklagen jeweils mit einer CFK-Gewebelage und einer GFK-Gewebelage ergänzt (Abb. 4.57). Die GFK-Gewebelagen sollen das Risiko des Splitterns der CFK-Lagen bei lokalen Knicken in den Innenraum reduzieren.

Die Auswertung der Simulationen in „Loop 2" findet an den zuvor definierten Positionen statt. Ein Vergleich der Auswertepunkte zeigt dabei insbesondere für den Pfahlcrash im zweiten Simulationslauf eine starke Reduzierung der Intrusionswege gegenüber dem ersten Durchlauf (siehe Abb. 4.58).

Eine qualitative Auswertung zeigt, dass trotz der geringen Intrusionen die äußeren Sitzanbindungen der beiden Sitzquerträger erneut ausreißen. Die Tunnelbrücken zeigen ein leichtes Versagen an den äußeren Ecken, welches in einem axialen Crushing resultiert und somit tolerierbar ausfällt. Insgesamt lässt sich eine sehr geringe Intrusion feststellen (vgl. Abb. 4.59).

Für den Seitencrash mit Barriere stellt sich für alle Bauteile ein akzeptables Verhalten ein. Die Intrusionen fallen jedoch sehr gering aus, wodurch womöglich die Sicherstellung des Insassenschutzes aufgrund zu hoher Verzögerungswerte gefährdet werden

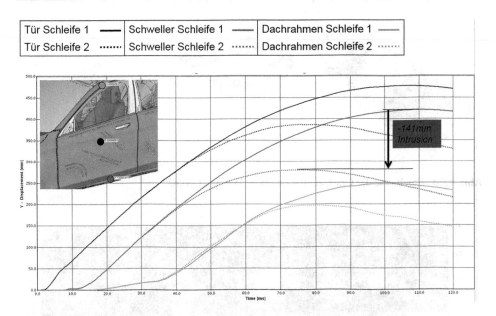

Abb. 4.58 Auswertepunkte und Intrusionswege der Crashsimulation Pfahl in „Loop 2"

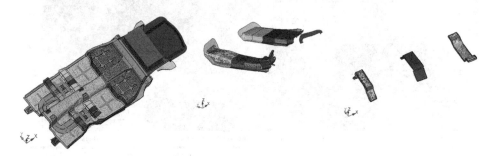

Abb. 4.59 Ergebnisse der Crashsimulation Pfahl in „Loop 2"

kann. Die Ergebnisse lassen auf eine Überdimensionierung des Konzepts in „Loop 2"
schließen.

Im Lastfall Front 100 % versagt lediglich die vordere Tunnelbrücke und es kommt zu
einem partiellen Ablösen der hinteren Sitzquerträger. Ein ähnliches Versagensbild stellt
sich für die frontalen Crashlastfälle mit 40 % und 25 % Überdeckung ein. In beiden Fällen kommt es zu einem partiellen Ablösen des hinteren Sitzquerträgers. In allen Lastfällen weisen die Bauteile ein weitestgehend akzeptables Verhalten auf. Die Intrusionen
im Falle der 25 % Überdeckung befinden sich durchgängig in einem Bereich, der als
„gut" bewertet wird (siehe Abb. 4.60 und 4.61).

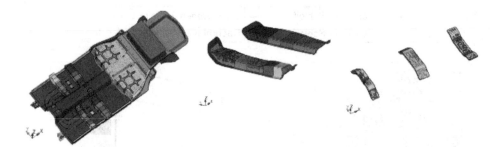

Abb. 4.60 Ergebnisse der Crashsimulation Front 25 % in „Loop 2"

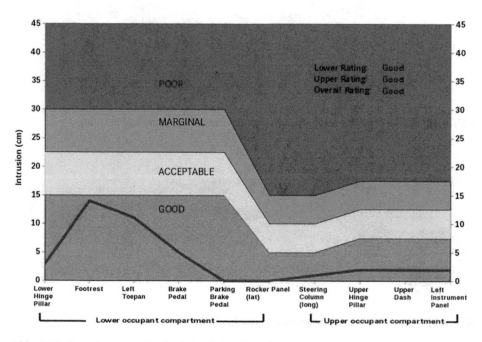

Abb. 4.61 Intrusionswerte der Crashsimulation Front 25 % in „Loop 2"

4.2.5 Finalisierung Konzept („Release-Stand 3") und Abschlussbewertung

Sebastian Vohrer und Verena Diermann

Die Crashsimulation in „Loop 2" wies anhand der sehr geringen Intrusionswerte auf eine Überdimensionierung des Bodenkonzepts hin. Aufgrund dessen wurden die Wanddicken der Laminate für den letzten Iterationsschritt gemäß Abb. 4.62 wieder reduziert.

Abb. 4.62 Lagenaufbau der Bodendecklagen für Crashsimulation „Loop 3"

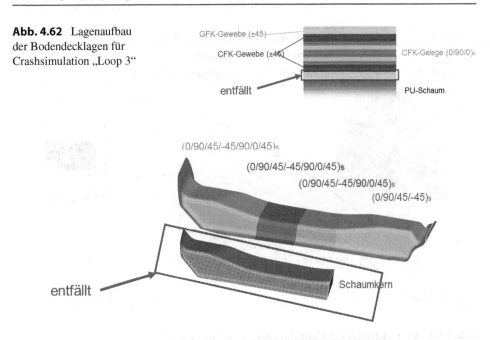

Abb. 4.63 Lagenaufbau der Sitzquerträger für Crashsimulation „Loop 3"

Darüber hinaus wurde der partielle Schaumkern in den Sitzquerträgern wieder entfernt, der gestaffelte Lagenaufbau jedoch beibehalten (vgl. Abb. 4.63).

4.2.5.1 Abschlussbewertung Gesamtfahrzeugsimulation Crash

Die folgenden Abschnitte nehmen eine abschließende Bewertung des Konzepts anhand der typischen Crash-Fälle vor und beschreiben das fallabhängige Crash- und Versagensverhalten.

Ergebnisse „Loop 3" – Pfahl

Die Ergebnisse der finalen Crashsimulation im seitlichen Pfahlcrash zeigen sehr geringe Intrusionswerte (vgl. Abb. 4.64). Diese liegen nur geringfügig über den Intrusionswerten der zweiten Simulationsschleife und weiterhin stark unter den Werten des ersten Durchlaufs.

Dies kann auf die Vermeidung des ungünstigen Versagensverhaltens des Hauptbodenbereichs zurückgeführt werden, welcher lediglich ein leichtes Knicken aufzeigt. Die äußeren Sitzanbindungen zeigen weiterhin ein Ausreißen, da diese im Intrusionsbereich des Schwellerbereichs liegen (siehe Abb. 4.65). Ein Ausreißen der restlichen Sitzanbindungen kann jedoch vermieden werden.

Tür Schleife 1 ———	Schweller Schleife 1 ———	Dachrahmen Schleife 1 ———
Tür Schleife 2 ········	Schweller Schleife 2 ········	Dachrahmen Schleife 2 ········
Tür Schleife 3 ———·	Schweller Schleife 3 ———·	Dachrahmen Schleife 3 ———·

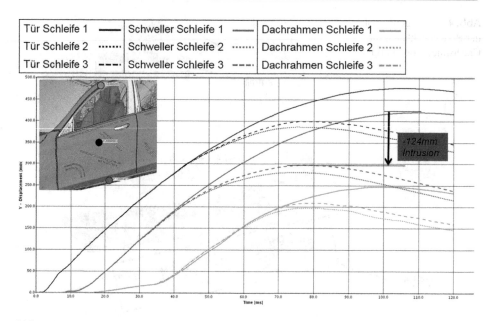

Abb. 4.64 Auswertepunkte der Crashsimulation Pfahl in „Loop 3"

Abb. 4.65 Ergebnisse der Crashsimulation Pfahl in „Loop 3"

Ergebnisse „Loop 1" – Seite, deformierbare Barriere

Die Ergebnisse der abschließenden Crashsimulation für den seitlichen Barriere-Lastfall sind in Abb. 4.66 und 4.67 dargestellt. Die Ergebnisse zeigen akzeptable Bauteilverhalten sowie sehr geringe Intrusionen. Mögliche nachteilige Auswirkungen auf den Insassenschutz aufgrund erhöhter Verzögerungswerte können jedoch nicht ausgeschlossen werden.

Ergebnisse „Loop 3" – Front, 100 %

Für den Lastfall Front mit 100 % Überdeckung lässt sich im finalen Konzept ein akzeptables Bauteilverhalten feststellen (vgl. Abb. 4.68). Lediglich ein Versagen der vorderen

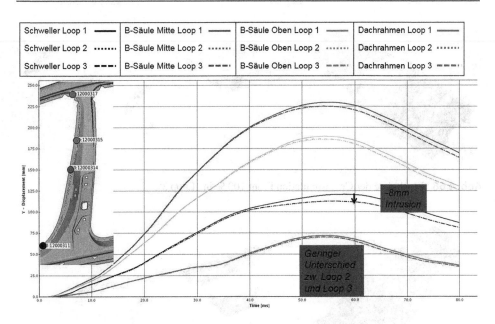

Abb. 4.66   Auswertepunkte der Crashsimulation seitliche Barriere in „Loop 3"

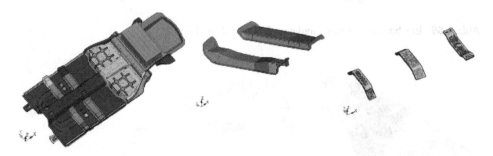

Abb. 4.67   Ergebnisse der Crashsimulation seitliche Barriere in „Loop 3"

Tunnelbrücke und ein partielles Ablösen des hinteren Sitzquerträgers kann festgestellt werden. Ein Versagen des inneren Tunnelbereichs durch Eindringen des Getriebes kann mithilfe des eingebrachten Verstärkungsblechs verhindert werden.

Ergebnisse „Loop 3" – Front, 40 %
Für den Lastfall Front 40 % kann ebenfalls ein lokal begrenztes Versagen an der vorderen Tunnelbrücke sowie weiterhin stellenweise ein Ablösen des hinteren Sitzquerträgers beobachtet werden. Das globale Verhalten der Bauteile wird an dieser Stelle als weitestgehend akzeptabel bewertet (siehe Abb. 4.69).

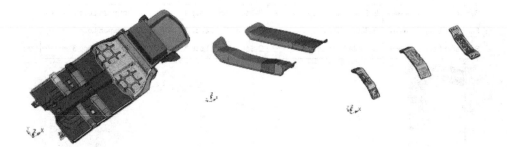
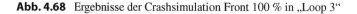

Abb. 4.68 Ergebnisse der Crashsimulation Front 100 % in „Loop 3"

Abb. 4.69 Ergebnisse der Crashsimulation Front 40 % in „Loop 2"

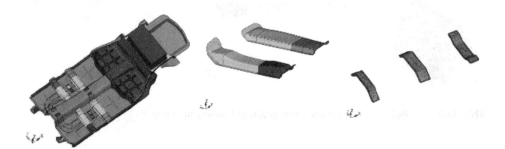

Abb. 4.70 Ergebnisse der Crashsimulation Front 25 % in „Loop 3"

Ergebnisse „Loop 3" – Front, 25 %

Die Ergebnisse des Lastfalls Front 25 % zeigen gegenüber dem zweiten
Simulations-Durchlauf ein gleichbleibend gutes Verhalten (vgl. Abb. 4.70). Lediglich
das partielle Versagensverhalten des hinteren Sitzquerträgers kann weiterhin beobachtet
werden.

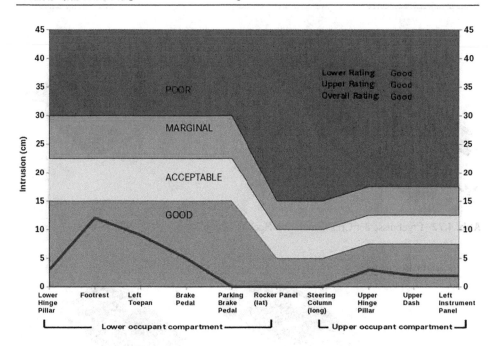

Abb. 4.71   Intrusionswerte der Crashsimulation Front 25 % in „Loop 3"

Die Intrusionswege bleiben weiterhin durchgängig in einem guten Bereich und erfüllen damit die Anforderungen an den Lastfall (vgl. Abb. 4.71).

Ergebnisse „Loop 3" – Heck
Der Heckcrash ist weiterhin nicht als kritischer Lastfall für den Boden oder die sicherheitskritischen Energiespeicher anzusehen (vgl. Abb. 4.72). Das Versagen der Mulde kann als unbedenklich für die Sicherheit der kritischen Strukturbereiche und Energiespeicher eingeordnet werden.

4.2.5.2 Abschlussbewertung Gesamtfahrzeugsimulation NVH
Neben den Crashsimulationen zur Bewertung der mechanischen Performance wurden an den Konzeptständen „Loop 2" und „Loop 3" eine Überprüfung der NHV-Eigenschaften vorgenommen. Hierzu wurden seitens des Partnerprojektes DigitPro Simulationen der Gesamtfahrzeugsteifigkeiten (Eigenfrequenzen, Torsion und Biegung) sowie der Teilflächenresonanzen durchgeführt.

Die globalen Eigenfrequenzen wurden mit den Daten des Referenzfahrzeugs (Basis) verglichen und weisen im LeiFu-Konzept mit leichtem Vorsprung gegenüber der Basis zufriedenstellende Werte auf (siehe Abb. 4.73).

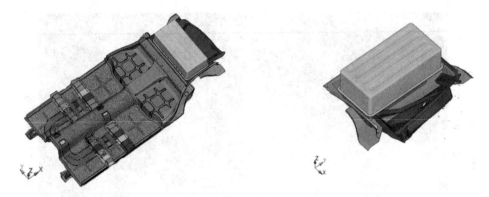

Abb. 4.72 Ergebnisse der Crashsimulation Heck in „Loop 3"

Eigenfrequenzen

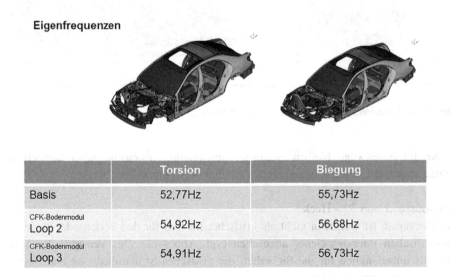

	Torsion	Biegung
Basis	52,77Hz	55,73Hz
CFK-Bodenmodul Loop 2	54,92Hz	56,68Hz
CFK-Bodenmodul Loop 3	54,91Hz	56,73Hz

Abb. 4.73 Ergebnisse der Eigenfrequenzuntersuchung des LeiFu-Bodens im Vergleich zur Referenz (Basis)

Die Untersuchung der Teilflächenresonanzen im finalen Konzeptstand zeigt eine gute Performance hinsichtlich der geforderten Mindestresonanzfrequenzen von 1200 Hz (siehe Abb. 4.74).

4.2.5.3 Fazit Gesamtfahrzeugsimulation

Das LeiFu-Bodenkonzept wurde ausgehend von „Release-Stand 2" in zwei Schritten mit lokalen Anpassungen der Lagenaufbauten und Geometrieanpassungen in einen neuen Konzeptstand (im Folgenden „Release-Stand 3" benannt) überführt. In diesem Konzept-Stand weist der Boden eine allgemein gute NVH-Performance auf. Hinsichtlich

Teilflächenresonanzen

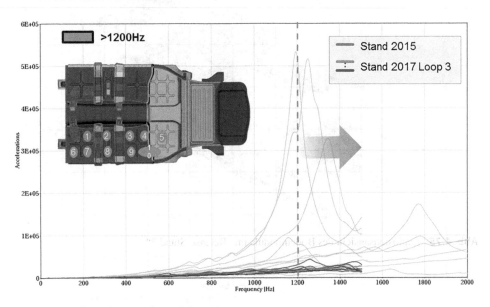

Abb. 4.74 Teilflächenresonanzen des LeiFu-Bodens mit Zielwert > 1200 Hz

des Crashverhaltens weist das LeiFu-Konzept eine sehr hohe Robustheit gegenüber Fertigungstoleranzen auf. Aufgrund nichtvorhandener qualitativer Kriterien zur
Beurteilung des Crashverhaltens von CFK-Strukturen ist eine abschließende Bewertung
des Crashverhaltens an dieser Stelle nicht möglich. Für eine serienreife Auslegung
sind angepasste Crash-Kriterien für Fahrzeugstrukturen auf Basis von CFK notwendig.
Mit angepassten Kriterien wird das Crashverhalten des LeiFu-Bodens als akzeptabel bewertet. Die gegebenen Grenzwerte für Intrusionen können in dieser Version eingehalten werden.

4.3 Ergebnis Konzeptentwicklung („Release-Stand 3")

Sebastian Vohrer

Das Ergebnis der Konzeptentwicklung des Bodenmoduls ist in Abb. 4.75 abgebildet.
Der Konzeptstand erfüllt die geforderten mechanischen Anforderungen zu Steifigkeiten
und Festigkeiten sowie zu NVH und Crash. Der Nachweis fand über Simulationen im
Gesamtfahrzeug statt.

Eine Übersicht der geometrisch relevanten Funktionen im integrierten Bodenmodul
ist in Abb. 4.76 im Vergleich zur Referenzstruktur dargestellt.

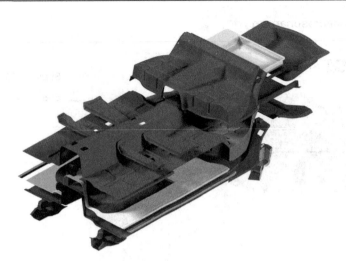

Abb. 4.75 Explosionsansicht des Bodenmoduls im „Release-Stand 3"

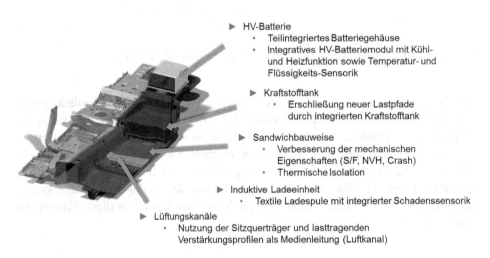

► HV-Batterie
  • Teilintegriertes Batteriegehäuse
  • Integratives HV-Batteriemodul mit Kühl-
    und Heizfunktion sowie Temperatur- und
    Flüssigkeits-Sensorik

► Kraftstofftank
  • Erschließung neuer Lastpfade
    durch integrierten Kraftstofftank

► Sandwichbauweise
  • Verbesserung der mechanischen
    Eigenschaften (S/F, NVH, Crash)
  • Thermische Isolation

► Induktive Ladeeinheit
  • Textile Ladespule mit integrierter Schadenssensorik

► Lüftungskanäle
  • Nutzung der Sitzquerträger und lasttragenden
    Verstärkungsprofilen als Medienleitung (Luftkanal)

Abb. 4.76 Übersicht finales Bodenkonzept und integrierter Funktionen gegenüber Referenz-struktur

Abb. 4.77 zeigt die Aufteilung der Einzelmassen nach Werkstoffzugehörigkeit basie-rend auf dem finalen Konzeptstand. Aufgrund der Einführung von Glasfasergeweben zur Vermeidung des Splitterverhaltens in den Innenraum werden in Abb. 4.78 die Massen-anteile der unterschiedlichen Fasermaterialien angegeben.

Die Gewichtsbilanz des LeiFu-Bodens im finalen Entwicklungsstand („Release-Stand 3") ist in Abb. 4.79 im Vergleich zur funktional gleichwertigen Referenzstruktur inklusive Funktionskomponenten dargestellt. Ausgehend vom Release-Stand 2 sind die zusätzlichen Massen dokumentiert, die zur Erreichung der geforderten Crash-Performance notwendig

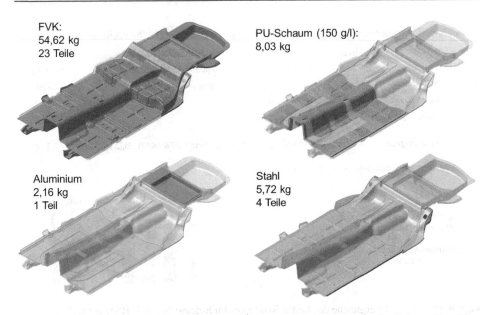

FVK:
54,62 kg
23 Teile

PU-Schaum (150 g/l):
8,03 kg

Aluminium
2,16 kg
1 Teil

Stahl
5,72 kg
4 Teile

Abb. 4.77   Gewichtsbilanzierung des LeiFu-Bodenmoduls nach Materialien im Release-Stand 3

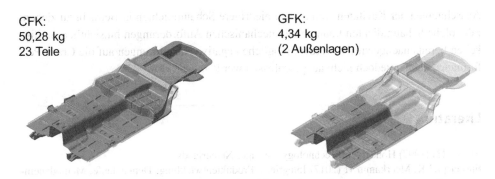

CFK:
50,28 kg
23 Teile

GFK:
4,34 kg
(2 Außenlagen)

Abb. 4.78   Gewichtsbilanzierung der FVK-Materialien des LeiFu-Bodenmodul im Release-Stand 3

waren. Ersichtlich wird, dass für den finalen Konzeptstand ein Mehrgewicht von 8,6 kg im Vergleich zum statisch vordimensionierten Auslegungsstand zu verzeichnen ist. Einen wesentlichen Anteil daran haben die zusätzlichen Glasfaserlagen, die aufgrund eines befürchteten Splitterverhaltens im Innenraum definiert wurden. An dieser Stelle kann auf ein mögliches weiteres Einsparpotenzial durch Verzicht auf die Glasfasergewebe-lage der Bodenunterschale hingewiesen werden (-2,2 kg). Weitere Einsparmöglichkeiten ergeben durch die Möglichkeit der Reduktion der Schaumdichten von 150 g/l auf 100 g/l (-2,6 kg). Die Schaumdichte von 150 g/l wurde für die Auslegung lediglich aufgrund der Verfügbarkeit von Messdaten ausgewählt. Für ein Fertigungskonzept mit reaktivem

Referenz (Originalboden)			LeiFu Bodenmodul (funktionsintegriert)		
• Strukturmasse	$M_{Struktur, Orig.}$	= 95,7 kg	• Strukturmasse RS2 $M_{Struktur, LeiFu}$		= 61,9 kg
• Luftkanäle	$M_{Luftkanal}$	= 3,7 kg	• Differenz Crash-Loop2		= +12,9 kg
• Isolationsmatten	M_{Schaum}	= 3,6 kg	• Differenz Crash-Loop3		= - 4,3 kg
• Schwerefolien	$M_{Schwerefolie}$	= 8 kg			
• HV-Batteriegehäuse	$M_{Batt-Gehäuse}$	= 2,2 kg *			
• **Summe Original**	$M_{Gesamt,Orig.}$	**= 113,2 kg**	• **Summe LeiFu (RS3)** $M_{Gesamt,LeiFu}$		**= 70,5 kg**

* Masseanteil des Batteriegehäuses an LeiFu-Struktur

Gewichtseinsparung: 38%
(26% primär, 12% sekundär)

Reduzierung Teilezahl: 62%
(von 74 auf 28 Teile)

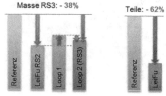

Abb. 4.79 Gewichtsvergleiche des LeiFu-Konzeptes im Release-Stand 3 (RS3) zur Referenz

Ausschäumen der Kavitäten wären auch niedrigere Schaumdichten in Betracht zu ziehen. Für solche Schaumdichten konnten die mechanischen Anforderungen hinsichtlich Steifigkeiten bereits nachgewiesen werden, mögliche negative Auswirkungen auf die Crash-Performance können jedoch nicht ausgeschlossen werden.

Literatur

Blitzer TN (1997) Honeycomb Technology. Springer Netherlands
Ehrlenspiel K, Meerkamm H (2017) Integrierte Produktentwicklung: Denkabläufe, Methodeneinsatz, Zusammenarbeit, 6. Auflage. Hanser, München
Feldhusen J, Grote K-H (2013) Pahl/Beitz Konstruktionslehre, 8. Auflage. Springer Vieweg, Berlin
Friedrich HE (2017) Leichtbau in der Fahrzeugtechnik, 2. Auflage. Springer Vieweg
Friedrich S (2010) Einsatzmöglichkeiten einer Design-Structure-Matrix im Rahmen des Strategischen Projektmanagements, 4. Auflage, GRIN Verlag
Gumpinger T, Jonas H, Krause D (2009) New approach for lightweight design: From differential design to integration of function. In: Proceedings of ICED 09, the 17th International Conference on Engineering Design, Vol. 6, Design Methods and Tools (pt. 2). Palo Alto, CA, USA, S. 6–201-6-210
Höfer A (2016) Vorgehensmodell zur anforderungsgerechten Konzeption, Bewertung und virtuellen Produktentwicklung antriebsintegrierter Fahrwerke für elektrifizierte Straßenfahrzeuge. Dissertation, Universität Stuttgart
Kempf A (2004) Entwicklung einer mechanischen Verbindungstechnik für Sandwichwerkstoffe. Dissertation, Rheinisch-Westfälische Technische Hochschule Aachen

Koller R (1998) Konstruktionslehre für den Maschinenbau, 4. Auflage

Kopp G (2015) Auslegung und Dimensionierung von großflächigen polyurethanbasierten Sandwichbauteilen unter Berücksichtigung von konzeptionellen und fertigungstechnischen Einflüssen. Dissertation, Universität Stuttgart

Kühnapfel J (2014) Nutzwertanalysen in Marketing und Vertrieb. Gabler Verlag

Rodenacker WG (1984) Methodisches Konstruieren, 3. Auflage. Springer-Verlag Berlin Heidelberg

Roth K (2000) Konstruieren mit Konstruktionskatalogen, 3. Auflage. Springer-Verlag Berlin Heidelberg

Sambamoorthy B, Halder T (2001) Characterization and component level correlation of energy absorbing (EA) polyurethane foams (PU) using LS-DYNA material models. In: LS-DYNA European Conference

Serifi E, Hirth A, Matthaei S, Müllerschön H (2003) Modelling of Foams using MAT83 – Preparation and Evaluation of Experimental Data. In: 4th European LS-DYNA Users Conference. Ulm

VDI-Richtlinie 2221(1993) Methodik zum Entwickeln technischer Systeme und Produkt

Vohrer S, David C, Ruff M, Hoffmann C, Friedrich HE (2017) Funktionsintegrierte Faserverbundstrukturen im Fahrzeugbau. Landshut

Zenkert D (2009) Handbook of Sandwich Construction, 2. Auflage, EMAS Publishing

Ziehbart JR (2012) Ein konstruktionsmethodischer Ansatz zur Funktionsintegration. Dissertation, Technische Universität Braunschweig

Technologieentwicklung

5

Karim Bharoun

Im folgenden Kapitel wird die Tauglichkeitsbewertung der Einzeltechnologien besprochen, auf deren Basis die Eignung zur Integration in den Demonstrator beurteilt wurde. Die Erfolgskriterien für diese Tauglichkeit sind:

- Prinzipielle Validierung der Funktionsfähigkeit
- Erfolgreiche Vorversuche bzgl. der Fertigungsmethode
- Erfolgreiche Vorversuche bzgl. der Integration im Serienfahrzeug/im Demonstrator
- Einbauweise/-ort in den Demonstrator festgelegt

Die Erfüllung der globalen mechanischen Anforderungen im Fahrzeugboden wird im Rahmen des LeiFu-Projekts untersucht. Die entwickelten Technologien müssen folgende Anforderungen erfüllen:

- Vergleichbarkeit der Steifigkeitslastfälle Torsion und Biegung zum aktuellen Serien-bauteil an den entsprechenden Auswertepunkten
- Erfüllung der wesentlichen Gesetzes- und Ratinglastfälle für die Crashlastfälle Front-crash (Offset), Seitencrash (Barriere), Seitencrash (Pfahl) und Heckaufprall
- Erhalt der Strukturintegrität im Crashfall, d. h. es muss Energieabsorption gewähr-leistet sein und der Zusammenhalt der Struktur muss garantiert sein
- Vergleichbarkeit von Deformation und Intrusion zur aktuellen Serie der S-Klasse
- Vergleichbarkeit der Eigenfrequenz im Gesamtfahrzeug zur aktuellen Serie der S-Klasse zur Erfüllung der Anforderungen an Noise, Vibration und Harshness (Teilflächenresonanz Bodenmodul > 800 Hz)

K. Bharoun (✉)
Robert Bosch GmbH (Bosch), Renningen, Deutschland
E-Mail: Karim.bahroun@de.bosch.com

© Springer-Verlag GmbH Deutschland, ein Teil von Springer Nature 2020
M. Hoßfeld und C. Ackermann (Hrsg.), *Leichtbau durch Funktionsintegration,*
ARENA2036, https://doi.org/10.1007/978-3-662-59823-8_5

Um diese Anforderungen erfüllen zu können, müssen die Technologien Open Reed Weaving (ORW), Drahtintegration, Flechten und Oberflächenmodifizierung von Carbonfasern jeweils spezifische konzeptbedingte Anforderungen erfüllen. Auf die einzelnen Technologien, deren Ziele und Anforderungen wird daher im Folgenden genauer eingegangen.

5.1 Crash-, Steifigkeits- und Festigkeitsoptimierung mittels Hybridtextilen, NVH-Optimierung

Sathis Kumar Selvarayan

Im Folgenden werden die Maßnahmen zur kontinuierlichen Optimierung in den Bereichen Crash, Steifigkeit, Festigkeit und NVH mittels Hybridtextilen sowie NVH beschrieben. Hierfür werden zunächst die gewichts- und prozesstechnischen Vorteile des Flächenbildungsverfahrens Open Reed Weaving dargelegt. Im Anschluss wird die Drahtintegration untersucht, die aufgrund der Gewichtszunahme im jeweiligen Bauteil wieder verworfen wird, da das Ergebnis im Widerspruch zur angestrebten Gewichtsreduktion steht. In einem weiteren Schritt wurde das Flechten untersucht, das hier im Bereich des Hauptbodens als Mittel der Funktionsintegration und zur punktuellen Verstärkung einzelner Komponenten verstanden wird. Abschließend wurde die im Rahmen des Projekts LeiFu entwickelte Technologie zur Faseroberflächenoptimierung mittels Polymerisation einer wässrigen Lösung von Hydroxyethylmethacrylat untersucht. Hierbei wird ersichtlich, dass die Technologie ein großes Potenzial zur Verminderung des Materialeinsatzes aufweist.

5.1.1 Lastpfadoptimiertes ORW-Gewebe

Die Integration von mehraxialen Faserverstärkungen in einem Faserverbundbauteil wird im Rahmen von LeiFu durch ORW-Gewebe als Strukturkomponente im Bodenmodul entwickelt. In einem einstufigen Webprozess konnten insbesondere lokal begrenzte Verstärkungen unter beliebigem Lastpfadwinkel an den geforderten Bereichen direkt in den Gewebeverbund eingewebt werden. Dabei sind die Ziele der Gewichteinsparung durch den reduzierten Fasereinsatz in der Gesamtstruktur und der Performancegewinn durch erhöhte Scherfestigkeit und ein reduziertes Delaminationsverhalten des mehraxialen Textilhalbzeugs gegenüber einzeln beigelegter Textilbahnen mit experimentellen und rechnerischen Untersuchungen weiterverfolgt worden.

Anforderungen an die Technologie

In der konzeptionellen Auslegung des FVK-Bodenmoduls haben sich für die ORW-Technologie folgende Anwendungsbeispiele herausgebildet, die in Vorbemusterungen als Gewebekonstruktionen dargestellt wurden:

- Einzelne integrierte Diagonalverstrebungen zur Schub- und Torsionsversteifung im Heckboden
- Gewichtsersparnis durch mehrere zusätzliche Verstärkungspfade an der unteren Bodenschale des Hauptbodens
- Lokal verstärkte Lochleibungen an Verbindungs- und Befestigungsbohrungen (Sitzanbindung, Heckboden)

Im Vergleich zu Standardgewebe als verstärkendes Textilhalbzeug bietet das ORW-Webverfahren die Möglichkeit, während des Webens in einem Prozessschritt sowohl flächig als auch lokal begrenzt Fasern unter beliebiger Ausrichtung zusätzlich in eine Gewebearchitektur mit 0°/90° Faserrichtung einzubringen. Damit wird die Voraussetzung erfüllt, textile Halbzeuge zu fertigen, die für die Belastungen der Demonstratorbauteile gut geeignet sind. Die zusätzlichen Verstärkungsfasern wurden in Webversuchen mit den Fasern des Grundgewebes stabil und verschiebesicher miteinander verbunden.

Bauteil mit ORW-Gewebe
Für die prinzipielle Bewertung der Technologie wurden die mechanischen Eigenschaften von Bauteilen mit diesen Geweben untersucht. Dazu wurden Gewebe mit Multiaxialfäden in ±21° bzw. ±41° Richtung hergestellt, infiltriert und anschließend charakterisiert. Die Laminatplatten bestanden jeweils aus vier Gewebelagen, wobei nur die beiden äußeren Lagen mit einer Multiaxialfadenverstärkung versehen waren. Da die Berechnungen für die Prozesssimulation einer ORW-Bindungsarchitektur im Projekt DigitPro unabhängig vom verwendeten Fasermaterial erfolgen können, wurden aus Kostengründen zunächst Glasrovings verarbeitet.

Ausgehend von zwei Multiaxialfäden/cm aus 300 tex Glasfasern in Belastungsrichtung und 600 tex Glasfaserrovinge im Grundgewebe betrug der zusätzliche Faservolumengehalt der Multiaxialfasern in der Platte nur 4 %. Dieser relativ geringe Anteil an Glasfasern reicht jedoch bereits aus, um in Verstärkungsrichtung die Zug- und Biegeeigenschaften deutlich zu erhöhen. Im Fall einer Verstärkung in 21° erhöht sich die Zugfestigkeit um 50 % und die Biegefestigkeit um 150 %. Das Zugmodul verbessert sich um 40 % und das Biegemodul um 66 %.

Um das Leistungspotenzial der ORW-Webtechnologie exemplarisch aufzeigen zu können, wurde am Beispiel des schwer umzuformenden Lampentopfs eines Automobilheckdeckels ein Glasfaserhalbzeug lokal in den mechanisch beanspruchten Flanken mit Carbonfasern verstärkt (siehe Abb. 5.1). Für die Infiltration der Preforms wurde das RTM-Verfahren gewählt. Beim Preforming stellte der Prozessschritt des Drapierens eine Herausforderung dar. Bei dem aus Glas- und Carbonfasern bestehenden Hybridgewebe verändert sich das Drapierverhalten im Vergleich zu einer homogenen Carbon- oder Glasfaserlage aufgrund der inhomogenen Struktur. So zeigten sich in ersten Versuchen Falten im Gewebe sowie Faserschlaufen im Bereich der lokalen Carbonfaserverstärkung. Um diese Fehlstellen zu vermeiden, wurde im textilen Halbzeug sowohl die Einbindung als auch die Anordnung der lokalen Carbonfaserverstärkungen schrittweise angepasst.

Abb. 5.1 Vom Faserzuschnitt zum fertigen Bauteil

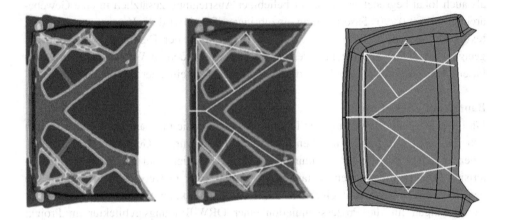

Abb. 5.2 Ergebnisse der Lastanalyse der Heckboden-Unterschale mit dem Ergebnis der Lastpfade nach Topologie-Optimierung (links), Prinzipverläufen der Lastpfade (Mitte) und Abwicklung der Bauteilfläche und Übertrag der Pfade (rechts)

Es konnte nachgewiesen werden, dass mit der ORW-Webtechnologie auch komplexe Bauteilstrukturen konturnah und lastpfadgerecht verstärkt werden können. Dies ermöglicht eine deutliche Steigerung der Bauteilperformance bei geringerem Prozess- und demzufolge auch reduziertem Kostenaufwand.

Die Resultate der Webversuche wurden in neuen konzeptionellen Auslegungsansätzen für eine Gewichtseinsparung im Bodenmodul ausgewertet. Als exemplarisches Konzept der Verwendung einer lastpfadorientierten Verstärkung wird das ORW-Gewebe in der Heckboden-Unterschale verwendet. In verschiedenen Konzepten sind Lastanalysen mit lokalen Verstärkungen für die Unterschale des Heckbodens berechnet worden. Abb. 5.2 zeigt die Torsionslastpfade, die in der Heckboden-Unterschale wirken. Die ORW-Verstärkungsfasern werden nach dem in den Berechnungen vorgeschlagenen Faserpfad gewebt. Da es nicht möglich ist, alle ORW-Verstärkungsfasern in einem Schritt zu weben, wird für den Demonstrator ein mehrschichtiges Konzept verwendet.

Fazit

Mit der ORW-Webtechnologie steht ein Flächenbildungsverfahren zur Verfügung, mit dem gewichts- und prozesstechnische Vorteile nachgewiesen werden können. Gemeinsam mit der RTM-Technologie sind ORW-Gewebe ein hilfreiches Instrument für die Entwicklung und Fertigung neuartiger und kostengünstiger Konstruktionen für den textilen Leichtbau mit komplexer, lastpfadgerechter Strukturauslegung. Mit Glasrovingen sind die Verfahrenstechnik umfänglich abgebildet und die zu erreichenden strukturmechanischen Eigenschaften an Einzelbeispielen nachgewiesen worden. Die Auslegungen im Demonstrator des FVK-Bodenmoduls bevorzugt ein Multiaxialgewebe in der Unterschale des Heckbodens, da die ORW-Technologie hierbei die Vorzüge von lokal begrenzten Verstärkungssträngen unter zwei festgelegten Hauptlastwinkeln in gleichem Maße erfüllen kann wie diverse integrierte Lochleibungsverstärkungen bei Funktionserweiterungen des Bauteils.

5.1.2 Drahtintegration

Simon Küppers

Es wurden dynamische 3-Punkt-Biegeversuche an einem Fallturm durchgeführt. Der Versuchsaufbau ist in Abb. 5.3 dargestellt. Der Fallkörper hat eine Masse von 4,3 kg und wird auf eine Höhe von 1,50 m gebracht. Dies entspricht einer Mindestaufschlagsenergie von 63 J.

Für die Prüfung wurden Hutprofile mit verschiedenen Spezifikationen im VAP-Verfahren hergestellt. Die Referenzprobe war dabei mit einem CFK-Lagenaufbau von (0/90/0/90/90/0/90/0) gefertigt. Als Verstärkung wurden in Variante 1 ein Gitter aus V2A-Drähten in die Mitte des Lagenaufbaus integriert. Bei Variante 2 wurden diese Drähte durch verdrillte Stahllitzen ersetzt. Abb. 5.4 zeigt die Versuchsergebnisse.

Die Bauteile mit V2A-Draht wiesen die höchste Kraftspitze auf. Auch das Restkraftniveau ist höher als bei den anderen Varianten. Die Referenzprobe aus reinem CFK zeigte ein sprödes Bruchverhalten und versagte katastrophal. Die verdrillten Stahllitzen rissen aufgrund erhöhter Draht-Matrix-Haftung und konnten das Komplettversagen ebenfalls nicht verhindern. Die V2A-Drähte wurden nicht vollständig aus der Matrix gelöst und tragen so weiter zur Strukturintegrität bei, wie in Abb. 5.5 zu sehen ist.

Fazit

Durch die Drahtintegration kann die Strukturintegrität bei niedrigen Energien erhalten werden. Gleichzeitig erhöht die Technologie aber das Gewicht der Struktur. Insbesondere bei dünnen Decklagen tritt dieser Effekt umso stärker auf. Da im Bodenmodul ein Sandwichaufbau zum Einsatz kommt, der nur geringe Decklagendicken aufweist, ist mit einer verhältnismäßig großen Gewichtszunahme zu rechnen (ca. 30 %). Dies steht den Zielen zur Gewichtsreduktion entgegen. Aus diesem Grund wird die Technologie Drahtintegration nicht weiterverfolgt.

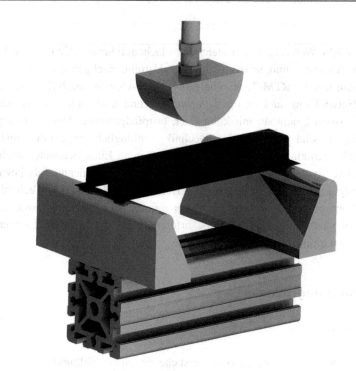

Abb. 5.3 Prinzipskizze Versuchsaufbau

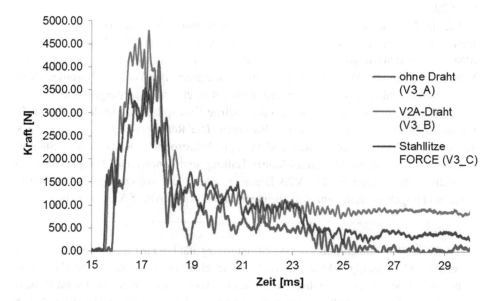

Abb. 5.4 Versuchsergebnisse Fallversuche

Abb. 5.5 Bruchbilder der verstärkten Varianten mit V2A-Draht (links) und verdrillten Stahllitzen (rechts)

5.1.3   Flechten

Daniel Michaelis

Flechten ist eine etablierte Fertigungstechnologie für Faserverbundstrukturen und wird in der Automobilgroßserie eingesetzt; beispielsweise im Dachrahmen des 7er-Modells von BMW. Für dessen Entwicklung wurde ein leichter, im Bauteil verbleibender Kunststoffkern umgesetzt, der mittels mehrerer Roboter automatisiert durch die Radialflechtmaschine geführt und besäumt wird. Die vor- und nachbereitenden Arbeitsschritte sind jedoch zu großen Teilen manuell.

Im Vorfeld und im Rahmen von LeiFu wurden Materialcharakterisierungen durchgeführt, um das spezifische, hier eingesetzte CFK-Geflecht berechnen zu können. Für den Einsatz in den Tunnelbrücken muss die Lagenanzahl sowie die Flechtwinkel ausgewählt werden. Die Konfigurationen Biax 45°, Triax 45°, Biax 30° und Triax 30° wurden im Zug-, Druck- und Zugschubversuch getestet. Insgesamt 216 Probekörper wurden hergestellt und getestet. Die ermittelten Kennwerte bilden die Basis für eine Auslegung der Tunnelbrücken und der Lüftungskanäle. Die endkonturnahe Fertigung von Faserverbundbauteilen wurde im Rahmen von LeiFu durch die Technologie Flechten umgesetzt. Im Rahmen von LeiFu wurden Bauteile im Unterboden identifiziert, die sich mit dieser Technologie sinnvoll aufbauen lassen.

Im Bereich der Kernkonzepte für die Flechttechnik gibt es unterschiedliche Ansätze:

- Der verlorene Kern wird nach der Fertigung des Bauteils zerstört. Dies ist gerade bei kostengünstigen Demonstratorherstellungen eine häufig gewählte Variante, da hierbei der Kern den Anforderungen der Serie nicht standhalten muss.
- Der Kern kann auch im Rahmen der Herstellung (vorrangig bei einer Serienfertigung) entfernt und für das nächste Bauteil verwendet werden. Hierbei kommen häufig Metallkerne mit Entformungsschrägen zum Einsatz, um ein einfaches Entfernen des Kerns zu gewährleisten.

Der Kern verbleibt im Bauteil und gewährleistet dabei eine zusätzliche Funktion wie z. B. Isolation oder Kabelführung.

Anforderungen und detaillierte Ergebnisse der Teiltechnologie
Im Bereich des Hauptbodens sollen Geflechte zur Aufnahme von Crash-Lasten und Torsionsbelastungen eingesetzt werden. Hier erfahren die Tunnelbrücken zusätzlich zu den Crushing-Lasten außerdem Biegelasten.

Als Anbauteil des Bodenmoduls wurden die Tunnelbrücken mittels Flechttechnologie gebaut. Die Herausforderung bestand hierbei im Überflechten des Schaums, der labil ist und eine geringe Festigkeit aufweist. Vorherige Projekte und Versuche zeigten, dass der Flechtprozess prinzipiell möglich ist, ohne den Schaumkern zu schädigen. Die zu beachtenden Fertigungsparameter sind:

- „Ziehend" flechten, um ein Ausknicken zu vermeiden
- Langsame Flechtgeschwindigkeit, um die dynamischen Flechtkräfte zu reduzieren
- Angepasste Flechtkernführung, bei der möglichst geringe Momente vor allem bei Flechtkernkrümmungen auftreten
- Geeignete Stützung des Flechtkerns: händisch, mit einem weiteren kooperierenden Roboter oder einem stützenden Rahmen

Ein Beispiel für eine Tunnelbrücke im Flechtprozess wird in Abb. 5.6 gezeigt.

Abb. 5.6 Umflochtener Flechtkern für eine Tunnelbrücke

Abb. 5.7 Additiv gefertigter „Liner" eines Lüftungskanals (links). Dieser Liner dient als Flecht-kern und verbleibt im fertigen Bauteil. Er ist hohl und kann nach Aufschneiden der benötigten Öffnungen das Kühl- und Heizmedium übertragen. Fertiges Bauteil mit den ausgesägten Zu- und Abluftöffnungen (rechts)

Zusätzlich sind die Lüftungskanäle im Schaumkern des Hauptbodens mit Carbon-fasern umflochten und somit verstärkt. Dadurch wird erreicht, dass neben der Funktion der Belüftung auch eine Stabilisierung (Erhöhung der Steifigkeit, Verbesserung der Crasheigenschaften) des Bodenmoduls erreicht wird.

Diese Lüftungskanäle bestehen aus einem umgebenen CFK-Geflecht und einem additiv gefertigten, hohlen „Liner", der zugleich als Flechtkern dient. Mit dieser hyb-riden Bauweise können die komplexen Geometrien abgebildet werden und es wird die Problematik umgangen, dass der Flechtkern entfernt werden muss. Abb. 5.7 zeigt den „Liner" eines der Lüftungskanäle, der als Fertigungsvorversuch gebaut wurde sowie einen fertigen Lüftungskanal.

Fazit

Die Flechttechnologie ist in der Lage, die Anforderungen, die im Rahmen der Aus-legung herausgestellt wurden, zu erfüllen. Hierzu wurden die Lagenaufbauten final ausgelegt und definiert sowie die Vorbereitung zur Herstellung der ersten Prototypen getroffen, die dann in den Demonstrator integriert werden konnten.

5.1.4 Optimierte Faseroberfläche

Sabine Frick und Erik Frank

Die in LeiFu entwickelte Technologie basiert auf der Polymerisation einer wäss-rigen Lösung von Hydroxyethylmethacrylat, welches an natürlichen Fehlstellen der Carbonfaseroberfläche zu Polymerketten aus Hydroxyethylmethacrylat aufwachsen kann (Abb. 5.8 und 5.9).

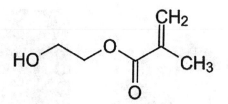

Abb. 5.8 Hydroxyethylmethacrylat (HEMA)

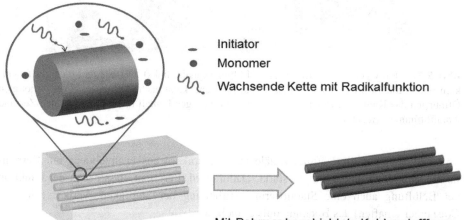

Abb. 5.9 Prinzipbild der Funktionsweise der HEMA-Lösung

In einem AiF-Projekt (16934) wurde im Vorfeld von LeiFu in einem Batch-Prozess gezeigt, dass sich die mechanischen Kennwerte einer kommerziellen Carbonfaser um bis zu 20 % verbessern lassen. Der dort praktizierte Prozess einer Batchbehandlung als radikalische Polymerisation ist jedoch langsam und nicht skalierbar. Für LeiFu wird daher die Polymersation in folgender Weise umgesetzt: Die wasserbasierte HEMA-Lösung wird auf die Carbonfasern appliziert und die Polymerisation durch die Einwirkung hochenergetischer Elektronen durchgeführt. Dadurch erfolgt die Polymerisation binnen einiger Sekunden im Gegensatz zum Batchprozess wo einige Minuten notwendig sind. Die Verbesserungen der Kennwerte des Batchprozesses werden bislang noch nicht erreicht, weil eine zu hohe Dosis der Elektronstrahlung zu kürzeren Polymerketten führt.

Seit Frühjahr 2016 besteht am ITCF die Möglichkeit Rovings kontinuierlich mit Elektronen zu bestrahlen. Mit 24k-Rovings der im Projekt ausgewählten Carbonfaser wurden bereits Versuche durchgeführt. Die Rovings wurden kontinuierlich mit einer wässrigen Lösung von HEMA beaufschlagt (siehe Abb. 5.10) und anschließend durch die Elektronenstrahlanlage geführt (siehe Abb. 5.11). Danach wurden sie auf einem

Abb. 5.10 Teil der Anlage, an der die kontinuierliche Imprägnierung der Carbonfasern mit HEMA-Lösung durchgeführt wird. Im Vordergrund ist die Imprägnierung der Carbonfasern mit dem Acrylat zu sehen. Der Ofen zur Trocknung schließt sich direkt an und ist im Hintergrund zu sehen

Carbonfaserwickler aufgespult. Dieser Prozess ist schnell und kostengünstig an größeren Fasermengen durchführbar.

Es wurden verschiedene Parameter und Konzentrationen der HEMA-Lösung am kontinuierlich laufenden 24k-Roving getestet. Aus den Tests ergibt sich, dass die Probe, die mit 850 kGy fixiert wurde, mit 10 % die höchste Steigerung der interlaminaren Scherfestigkeit bewirkt. Die Blindprobe lässt eine Abschätzung über den negativen Einfluss der Behandlung mit Wasser zu ($-1{,}3$ %). Mit diesen Prozessparametern wurden mehrere Spulen der 24 K-Carbonfaser des Typs STS40 behandelt und an das IFB zur Weiterverarbeitung gegeben. Es konnte gezeigt werden, dass die Oberfläche der Fasern hinsichtlich einer Verbesserung der laminaren Scherfestigkeit optimiert werden können. Siehe hierzu Tab. 5.1.

Die ans IFB weitergegeben Fasern mit optimierter Oberfläche wurden dort bei Flechtversuchen eingesetzt. Das Flechten der Fasern war möglich (vgl. Abb. 5.12). Zur Realisierung eines besseren Flechtergebnisses müssten die Fertigungsparameter wie z. B. Flechtfadenspannung überarbeitet werden. Sowohl die Optimierung der Faseroberfläche als auch die Verarbeitung der erhaltenen Fasern im Flechtprozess ist möglich. Um diese Technik in einen serientauglichen Prozess zu überführen, müssen jedoch weitere Optimierungspotenziale bei der Modifizierung der Faseroberfläche und beim Flechtprozess ausgeschöpft werden.

Abb. 5.11 Die beschichteten und getrockneten Carbonfasern werden kontinuierlich einer Elektronenstrahlbehandlung unterzogen

Tab. 5.1 Übersicht der Versuchsergebnisse zur interlaminaren Scherfestigkeit

Muster	F_{max} (kN)	Interlaminare Scherfestig-keit (kN/mm²)	Relative Veränderung zu Referenz (%)
STS 40 direkt von Spule Baxxodur (Referenzprobe)	1,90	0,03800	/
STS 40 Wasser ohne ESH Baxxodur (Blindprobe)	1,65	0,03750	−1,3
STS 40 Wasser 50 kGy Baxxodur	1,99	0,03980	+4,7
STS 40 5 % HEMA 50 kGy Baxxodur	1,82	0,04136	+8,9
STS 40 5 % HEMA 850 kGy Baxxodur II	1,93	0,04196	+10,4

Abb. 5.12 Flechtergebnis von Carbonfasern mit optimierter Faseroberfläche (IFB)

Fazit

Die entwickelte Technologie besitzt großes Potenzial zur Verminderung des Materialeinsatzes. Die eingesetzte Elektronenstrahltechnik ist industriell verfügbar und auch bei großen Arbeitsbreiten an Material erprobt. Der notwendige Energieeintrag ist gering, sodass außer der Basisinvestition keine hohen Betriebskosten entstehen. Für einen Quadratmeter bestrahltes Material sind Energie- und Inertgaskosten im Bereich von wenigen Cent zu erwarten.

5.2 Integriertes Wärmemanagement (Isolierung, Heizung, Kühlung)

Maximilian Hardt und Peter Middendorf

Der Rahmenplan gibt als Zielsetzung des LeiFu-Verbundprojekts erprobte, hochfunktionsintegrierte FVK-Leichtbaustrukturen aus. Dabei werden zunächst Teilaufbauten angestrebt, in die unter anderem thermische Funktionen (z. B. Heizung, Isolation) integriert werden sollen. Die Erkenntnisse aus den Einzelfunktionsdemonstratoren sollen final in der Fertigung eines PKW-Bodenmodul-Demonstrators gebündelt werden.

5.2.1 Kühlung

Sathis Kumar Selvarayan

Für die Kühlung des Batteriemoduls wurde eine neue Konzeptvariante erarbeitet. Hierbei handelt es sich um eine Kühlplatte in Pultrusionsbauweise (siehe Abb. 5.13). Die Kühlplatte wird durch Verkleben mehrerer GFK-Pultrusionsprofile mit einer 1 mm starken

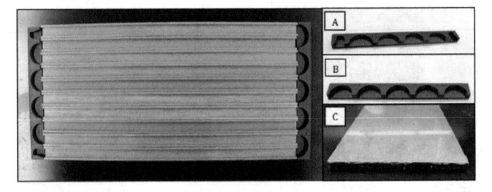

Abb. 5.13 Kühlplatte mit Einzelelementen mit **A** Zu- und Ablaufelement, **B** Rücklaufelement und **C** montierte Kühlplatte

Aluminiumplatte hergestellt. Der Einsatz von GFK-Pultrusionsprofilen bietet gegenüber herkömmlichen metallischen Rohrleitungen ein Gewichtseinsparpotenzial. Die Aluminiumplatte gewährleistet den notwendigen hohen Wärmeübergang zur zu kühlenden Kontaktfläche. Als Anschlüsse an den Kühlmittelkreislauf kommen lasergesinterte Bauteile zum Einsatz. Zusätzlich stellen diese einen mäanderförmigen Verlauf des Kühlmittels sicher, der zur gleichmäßigen Temperierung des Bauteils beiträgt. Die Kombination eines GFK mit einer Aluminiumdeckschicht zur Wärmeleitung ist grundsätzlich auch in einem Prozessschritt fertigbar. Dieser Prozess könnte in einem neuen Projekt entwickelt werden.

Für die Untersuchung der Kühlplatte wurde ein Prüfstand am ITV aufgebaut und optimiert. Als Kühlmittel wird Leitungswasser verwendet und mittels eines Überlaufbeckens wird ein gleichmäßiger Wasserstrom durch die Kühlplatte gewährleistet. Die Wassertemperatur und der Volumenstrom werden mit Durchflusssensoren vor und nach der Kühlplatte aufgezeichnet.

Die pro Kühlplatte abzuführende Wärmemenge entspricht der Abwärme eines Batteriemoduls und liegt bei 50 W. Im Prüfstand wird das Batteriemodul durch einen Aluminiumblock gleicher Größe simuliert, der mit sechs Heizpatronen versehen ist und auf die Kühlplatte gestellt wird (siehe Abb. 5.14). Die Heizpatronen werden über ein Netzgerät mit insgesamt 50 W beaufschlagt. Um Wärmeverluste zu vermeiden, wurde der Aufbau mit Styroporplatten gedämmt. Mithilfe mehrerer Temperaturfühler kann die Temperatur an verschiedenen Stellen der Kühlplatte gemessen werden. Die Aufzeichnung der Daten erfolgte über einen Datenlogger.

Nach Angaben des Herstellers des Batteriemoduls (Robert Bosch GmbH) liegt der optimale Nutzungsbereich der Batterie bei 35 ± 3 °C. Aus diesem Grund wurde in den Testzyklen der Aluminiumblock auf eine Temperatur von 38 °C aufgeheizt. Mit Erreichen der 38 °C wurde die Kühlung eingeschaltet. Wie in Abb. 5.15 zu sehen ist, konnte die Temperatur innerhalb weniger Minuten gesenkt werden.

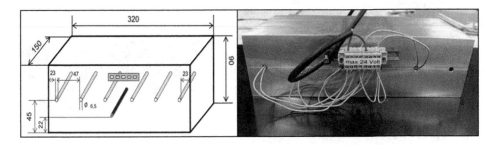

Abb. 5.14 Heizelement zur Nachbildung des Batteriemoduls

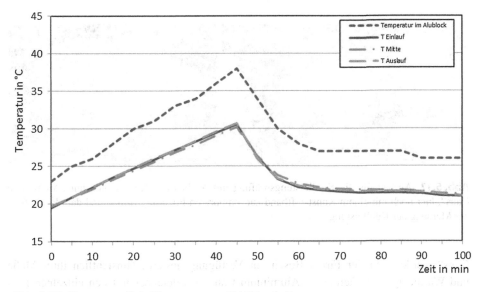

Abb. 5.15 Temperatur-Zeit-Diagramm zum Abkühlverhalten

Im Hinblick auf die Realisierung der Tauglichkeit für die Integration in den Demonstrator wurde das Kühlmodul weiterentwickelt. Das Verkleben von mehreren GFK-Pultrusionsprofilen könnte unter dem Aspekt der Serientauglichkeit, aufgrund der größeren Toleranzen bei der Fertigung von GFK-Profilen gegenüber metallischen Rohrleitungen, eine Herausforderung sein. Daher wurde das aus mehreren GFK-Profilen bestehende Kühlmodul durch ein einzelnes GFK-Profil mit zehn Wasserströmungskanälen ersetzt (siehe Abb. 5.16). Dies würde die gesamte Fertigungszeit senken und die Dichtigkeit des Kühlmoduls verbessern. Zusätzlich wurden Schnellkupplung-Anschlussstutzen für Wasserleitungen verwendet. Dies erleichtert die schnelle Montage der Kühlmodule in der Batterie.

Weiterhin wurde der Prüfstand modifiziert, indem „Aluminium Cans" (Hüllen der Batteriezellen) anstelle von einem Aluminiumblock verwendet wurden. Die „Aluminium

Abb. 5.16 Weiterentwickeltes Kühlmodul mit Explosionsansicht (links) und montierte Kühlplatte (rechts)

Abb. 5.17 Aufbau für die Kühlleistungsprüfung mit Aufbau des Kühlmoduls mit „Aluminium Cans", hier noch mit einem Kunststoffband zur temporären Fixierung (links) und dem Prüfaufbau zur Messung der Kühlleistung

Cans" werden von der Firma Bosch zur Verfügung gestellt. Hinsichtlich ihrer Maße und Wärmeeigenschaften sind „Aluminium Cans" vergleichbar mit den einzelnen Batterien. Das Kühlmodul wurde mit „Aluminium Cans" unter Verwendung von Polypropylen-Bändern befestigt, um dem realen Batteriepack möglichst nahe zu kommen (siehe Abb. 5.17).

Wie in Abb. 5.18 zu erkennen, ist die Kühlleistung des weiterentwickelten Kühlmoduls ähnlich wie bei dem bisher verwendeten Kühlmodul. Der Test wurde bei zwei verschiedenen Temperaturen durchgeführt: In der ersten Testreihe (Testreihe A) wurde das Kühlmodul auf 38 °C erwärmt. Anschließend wurde die Kühlung eingeschaltet. In der zweiten Testreihe (Testreihe B) wurde das Kühlmodul auf 60 °C erwärmt und dann abgekühlt.

Die Wasserdurchflussmenge in den Experimenten beträgt 1,6 l/min. Die Abkühlgeschwindigkeit in Testreihe A liegt bei ca. 0,3 °C/min und bleibt während des gesamten Experiments konstant. Andererseits beträgt die Abkühlrate in Testreihe B ca. 1,4 °C/min bis die Temperatur 40 °C erreicht. Danach beträgt die Abkühlrate 0,3 °C/min. In Testreihe A dauert es ca. 50 min, bis die Batterie auf 30 °C abgekühlt ist. In Testreihe B dauert

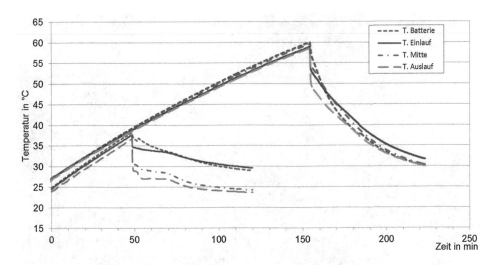

Abb. 5.18 Temperatur-Zeit-Diagramm zum Abkühlverhalten des weiterentwickelten Kühlmoduls

es ca. 70 min. Die Ergebnisse zeigen, dass die Batterie bei der Betriebstemperatur von 35 ± 3 °C unter Verwendung des entwickelten Kühlmoduls gehalten werden kann.

Fazit

Die Kühlleistung der untersuchten Kühlplatte ist ausreichend. Die Gewichtsziele können erfüllt werden. An der Regelung zur dauerhaften Einstellung einer bestimmten Temperatur gibt es Optimierungsbedarf. Die Technologie ist für einen sinnvollen Einsatz eines Batteriemoduls unabdingbar und wird daher weiterverfolgt.

5.2.2 Gedruckte aktive Heizfunktion

Sabine Frick

Die Beheizung erfolgt durch gedruckte Silberschichten auf Glasfaser- oder Carbonfasergeweben. Diese Schichten werden durch ein Siebdruckverfahren auf die Trägergewebe mit 150 g/m² aufgedruckt. Die Silberschicht trägt durchschnittlich mit weiteren 50 g/m² zum Flächengewicht bei. Mit den entwickelten und für die Substrate modifizierten Siebdruckpasten auf Silberbasis ist es möglich, leitfähige Strukturen zu drucken. Es ist notwendig die Rheologie der Pasten auf das Substrat anzupassen, da bevorzugt ein Oberflächendruck benötigt wird. Die Interdigitalstrukturen zeigen einen ausreichenden Widerstand von bis zu 1 Ω und sind mit sehr geringen Heizspannungen im Bereich von 1–3 V beheizbar. Die erhaltenen Schichten haben eine sehr gute Haftung, da sie in das Gewebe eindringen und innerhalb einer Polymermatrix aushärten (siehe Abb. 5.19).

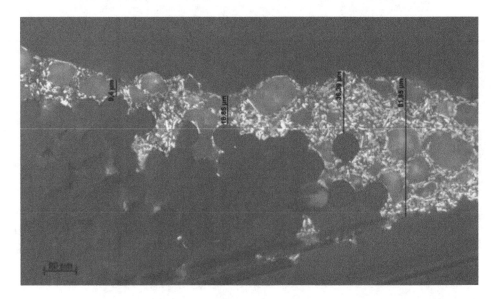

Abb. 5.19 Lichtmikroskopische Aufnahme von Silberpartikeln in einem Glasfasergewebe mit Schichtdickenmessungen

Durch die verwendete Form von nanoskaligen Plättchen sind die Silberpartikel in der Polymermatrix sehr dicht gepackt, was die gute Leitfähigkeit erklärt. Die Perkolation erzielt hierdurch sehr hohe Werte und geht auch bei mechanischer Verformung der Beschichtung nicht verloren, da eine Dehnung den Kontakt der Partikel untereinander erhält.

Die Silberschichten können direkt auf Carbonfasergewebe oder Oberflächen von CFK-Bauteilen aufgedruckt und beheizt werden. In diesem Fall ist jedoch mit Kriechströmen in der Carbonfaserlage oder dem entsprechenden CFK-Bauteil zu rechnen. Zum Vergleich wurden eine Carbonfaserlage und eine Glasfaserlage jeweils mit Silberschicht hergestellt und untersucht. Für die Beheizung wurde jeweils eine Spannung von 1,0–3,0 V angelegt. Temperaturprofile wurden durch Auswertung mit einer Wärmebildkamera nach Erreichen einer stabilen Temperaturverteilung erstellt.

Die entwickelte Technologie der gedruckten Heizstrukturen ist funktionsfähig und lässt sich durch den verwendeten Siebdruck auch auf CFK-Oberflächen realisieren. Somit ist eine Realisierung im Bodenmodul möglich. Die Zielvorgabe der Technologie von einer Heizleistung von > 500 W/m^2 wird auf Glasfaser als Substrat in allen Fällen erreicht.

Die Technologie wird im Bodenmodul umgesetzt. Hierzu werden aufgrund von Größenlimitierungen flächig gedruckte Heiztextilien eingebracht, da diese in der Größe variabler handhabbar sind. Die zur Verfügung stehende Fläche ist 15 × 15 cm. Die Kontaktierung der gedruckten Heizflächen stellt noch immer eine Herausforderung dar. Die

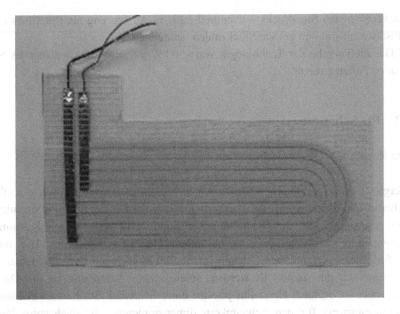

Abb. 5.20 Heiztextil in Faserverbundplatte einlaminiert und mit prototypischer Kontaktierung mithilfe von selbstleitendem Kupferband versehen

bisher durchgeführte Kontaktierung mit selbstklebendem Kupferband (siehe Abb. 5.20) zeigt sich beim Einlaminierprozess als problematisch. Die ohne Infiltration gute Kontaktierung zeigt nach dem Infiltrieren nur noch eine schlechte bzw. keine Kontaktierung. Diese sehr unterschiedliche Kontaktierung führt am Heiztextil zu Hotspots, die unbedingt zu vermeiden sind. Weitere Versuche die zur Kontaktierung durchgeführt wurden haben eine Möglichkeit zur Kontaktierung aufgezeigt, die auch nach der Infiltration sehr gute Ergebnisse zeigt und kaum zu Hotspots führt. Hierzu wurden die neu hergestellten Muster an ein Netzgerät angeschlossen, mit einem vorgegebenen Strom beaufschlagt und die Heizwirkung mittels einer IR-Kamera dokumentiert.

Fazit

Die entwickelte Technologie der gedruckten Heizstrukturen ist funktionsfähig und lässt sich durch den eingesetzten Siebdruck auch auf CFK-Oberflächen anwenden. Somit lässt sich die Technologie im Bodenmodul realisieren.

Der Einsatz der gedruckten Heizfunktion bietet sich auch an, um die Batterie vorzutemperieren und um einen „Kaltstart" zu verhindern bzw. Frost von den Batteriezellen fernzuhalten. Hierfür kann die Heizschicht in Form einer Silberschicht auf einem Glasfasergewebe als zusätzliche Lage auf dem Bauraum laminiert werden.

Im Innenaufbau der Batterie sind aufgrund möglicher Hochvoltfelder keine offenen Metallkontakte möglich, zur Beheizung und Temperierung der Batterie von außen ist der Ansatz gedruckter Silberschichten aber sinnvoll. Die Technologie ist aufgrund des verwendeten Siebdrucks – eventuell auch in Ausführung als Rotationsdruck auf Glasfasersubstrat – in großen Stückzahlen herstellbar.

Die Zielvorgabe der Technologie von > 500 W/m² wird auf Glasfaser als Substrat in allen Fällen erreicht.

5.2.3 PU-Schäume

Martin Rheinfurt

Im Vergleich zu monolithischen Strukturen bietet eine Sandwich-Bauweise strukturelle und thermische Vorteile, die sich zur Gewichtseinsparung durch Funktionsintegration eignen. Allerdings stellt die Herstellung von Sandwich-Strukturen mit Schaumkernen in serientauglichen Prozessen eine besondere Herausforderung dar. Die mechanischen Anforderungen an einen Schaum im Bauteil können mit Dichten kleiner 200 g/l im Allgemeinen gut dargestellt werden, solange eine Anbindung an die Decklagen gewährleistet ist. Je nach Herstellungsweise einer Sandwich-Struktur ist allerdings der Herstellungsprozess für den Schaumkern dimensionierend. Beispielsweise lässt sich nach momentanem Wissensstand im Fertigungsverfahren Hochdruck RTM (Resin Transfer Moulding), das derzeit als Zielprozess definiert ist, kein vorgefertigter Schaumkern mit einer Dichte kleiner 200 g/l verarbeiten. Diese Technologie wird in ähnlicher Form im kleinen Maßstab schon in der Automobilindustrie verwendet.

Zu Beginn des Projektes wurde die Eignung verschiedener Polymerschäume für Sandwich-Strukturen unter wirtschaftlichen, mechanischen und thermischen Gesichtspunkten grob bewertet. Dabei rückte PUR-Schaum in den Mittelpunkt des Interesses und wurde in verschiedenen Dichten thermisch und mechanisch charakterisiert.

Für die strukturelle Auslegung crashrelevanter Automobilbauteile, wie z. B. dem Bodenmodul als Demonstrator, werden neben quasi-statischen auch dehnratenabhängige Kennwerte benötigt. Dafür wurden Schäume mit drei Nenndichten (150 g/l, 200 g/l und 250 g/l) bei Raumtemperatur (23 °C) unter Zug, Druck, und Scherung untersucht. Zusätzlich ermöglichen Hochgeschwindigkeitsaufnahmen des Versuchs die Kalibrierung der Simulationsmodelle.

Die Zugversuche wurden mit Schulterprüfkörpern bis zum Materialversagen durchgeführt. Sehr geringe Versagensdehnungen und ein schlagartiges Materialversagen sind kennzeichnend für diese Belastungsart (siehe Abb. 5.21). Zur Ermittlung der Probendeformation und Querkontraktionszahl kamen bei quasi-statischer Zugbelastung neben der Messung der Maschinensignale zwei optische Verfahren zum Einsatz. Dadurch konnten lokal im Bereich des späteren Versagens Verzerrungen in Längs- und Querrichtung bestimmt werden.

Die Druckversuche wurden mit einem Würfelprüfkörper bis zu einem Kompressionsgrad von 60 % bis 80 % gefahren. Erstes erkennbares Materialversagen ist unabhängig von der Kompressionsrate und Dichte bereits nach weniger als 15 % Kompression

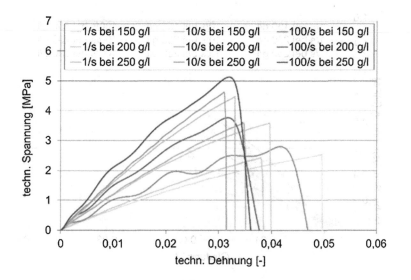

Abb. 5.21 Spannungs-Dehnungs-Diagramm der Zugversuche

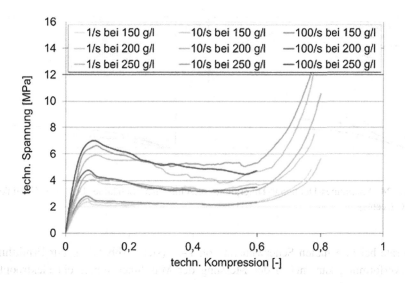

Abb. 5.22 Spannungs-Dehnungs-Diagramm der Druckversuche

feststellbar (siehe Abb. 5.22). Zur Bestimmung der Querdehnzahl kam bei quasi-statischer Druckbelastung ein optisches Verfahren zum Einsatz, um lokal im Bereich des späteren Versagens Verzerrungen in Längs- und Querrichtung bestimmen zu können.

Die Scherversuche wurden mit zwei Würfelprüfkörpern bis zum Materialversagen durchgeführt. Die Versagensscherungen liegt unabhängig von der Materialdichte und

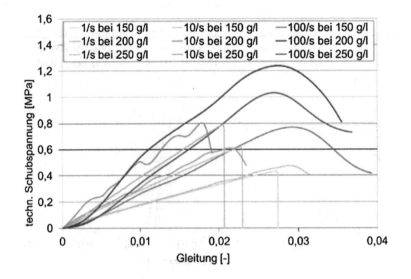

Abb. 5.23 Spannungs-Dehnungs-Diagramm der Scherversuche

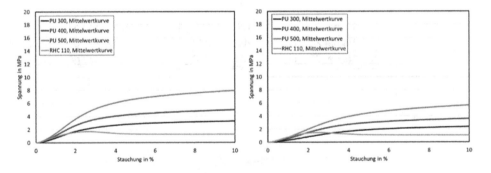

Abb. 5.24 Spannungs-Dehnungs-Diagramm verschiedener Schäume bei 100 °C (links) und 120 °C (rechts)

Scherrate bei maximalen Scherwinkeln von 1–2° (siehe Abb. 5.23). Zur Ermittlung der Scherverformung kam neben der Messung der Maschinensignale ein elektrooptisches Verfahren zum Einsatz.

Des Weiteren wurden auch PUR-Schäume größerer Dichte (300–500 g/l) untersucht, um deren Eignung für RTM zu untersuchen. Das quasistatische Elastizitätsmodul und die quasistatische Druckfestigkeit nehmen mit der Dichte des Schaumes zu und mit steigender Temperatur ab (siehe Abb. 5.24). Dies ist ein Hinweis darauf, dass PUR-Schäume hoher Dichte anspruchsvollere Parameter des RTM-Prozesses überleben können. Zusätzlich ist als Referenz ein preislich hoch angesiedelter ROHACELL®-Schaum mit einer nominalen Dichte von 110 g/l im Diagramm aufgenommen worden.

Abb. 5.25 Schaumkerngeometrie für den Demonstrator (links) und „Skin-first"-Sandwich (rechts)

Der Schaumkern einer Sandwich-Struktur kann zum einen eine strukturelle und zum anderen eine thermisch isolierende Funktion besitzen. Für die thermische Auslegung von automobilen Sandwich-Strukturen ist die Wärmeleitfähigkeit des Kernmaterials und der Decklagen entscheidend. Deshalb wurde diese in Anlehnung an die DIN EN 12667 gemessen. Bei niedriger Dichte ist die Wärmeleitfähigkeit von PUR-Schäumen geringer als bei hoher. Die Unterschiede zwischen Blockschaum und Formschaum sind dabei gering. Des Weiteren wurden Messungen der Wärmekapazität durchgeführt und mit dem Partner Daimler geteilt, um dort die Wärmeleitfähigkeit mit gemessener Temperaturleitfähigkeit zu berechnen.

Für den Demonstratorbau wurden mehrere Polyurethanschaumplatten übereinander geklebt und dann daraus die gewünschte Geometrie gefräst (vgl. Abb. 5.25). Die im VAP-Verfahren hergestellten Decklagen wurden dann auf den Schaumkern geklebt. Für die Serienproduktion ist das reaktive Ausschäumen der Kavität zwischen den Decklagen angedacht. Die Funktionalität dieses „Skin-First"-Sandwichs wurde an einem Demonstrator gezeigt.

Fazit

Eine wesentliche Erkenntnis, die aus dem beschriebenen Versuchsprogramm gewonnen wurde, ist, dass bei den Zug- und Druckversuchen keine ausgeprägte Verzerrungsratenabhängigkeiten zu beobachten sind. Die Ergebnisse der Scherversuche zeigen dem gegenüber eine erhebliche Veränderung des Materialverhaltens beim Übergang von mittleren zu hohen Verzerrungsraten. Unabhängig von der Belastungsart sind mit zunehmender Materialdichte höhere Spannungsmaxima, tendenziell geringere Versagensdehnungen und ein insgesamt steiferes Materialverhalten feststellbar. Die erfassten Daten sind nun grundsätzlich für die Auslegung von crashrelevanten Bauteilen und deren Simulation nutzbar.

Das quasistatische Elastizitätsmodul und die quasistatische Druckfestigkeit nehmen mit der Dichte des Schaumes zu und mit steigender Temperatur ab

5.2.4 Faltkernstrukturen

Daniel Michaelis

Faltkerne als tragende Sandwichstruktur haben in ihrer Anwendung ein breites Spektrum an Multifunktionalität eröffnet. Neben der Verlegung von Kabeln und der Drainage von Feuchtigkeit, erlaubt es die Struktur von Medien durchströmt zu werden. Dies wurde in vorangegangenen Forschungsprojekten bereits an Luftkanälen gezeigt. Im Rahmen von LeiFu soll die Kühlung des Batteriemoduls mit einem flüssigen Medium aufgezeigt und bewertet werden.

Anforderungen und detaillierte Ergebnisse der Teiltechnologie
Als Anforderungen an die Faltkernstrukturen wurde die Struktur auf Tragfähigkeit der Batterieelemente ausgelegt und die erreichte Durchflussmenge des Kühlmediums ermittelt. Durch die Verwendung von Aluminium als Faltkernmaterial wird die vorhandene Fläche zum Wärmeaustausch erhöht.

Faltkerne werden mit unterschiedlichen Materialien seit mehreren Jahren am IFB reproduzierbar gefertigt. Versuche hinsichtlich der Durchströmung von Faltkernstrukturen mit Medien wurden bereits durchgeführt. Der Vorteil von Faltkernen ist, dass beim Aufbau der Faltkernstrukturen Strömungskanäle für den Wärmeaustausch entstehen. Indem die Faltkerne direkt durchströmt werden, ergibt sich im Vergleich zu aktuellen Rohr-Lösungen eine wesentlich größere Wärmeaustauschfläche. Als Kühlmedium sind Gase oder Flüssigkeiten denkbar. In Kooperation mit dem Institut für Aerodynamik und Gasdynamik der Universität Stuttgart konnte sowohl experimentell als auch mithilfe einer numerischen Simulation das Verhalten von Wasser als Kühlmedium in unterschiedlichen Faltkernstrukturen untersucht werden. Dabei wurde das Potenzial aufgezeigt, Faltkerne mit gezielten Turbulenzen durchströmen zu können. Auf dieser Basis wurden die Faltkerne in einem alternativen Kühlmodul für die Batterie eingesetzt. Die Umsetzbarkeit der Fertigungsmethode wurde durch das IFB und die Dichtigkeit des realisierten Konzepts wurde durch das ITV experimentell bestätigt. Abb. 5.26 stellt das Konzept und Abb. 5.27 das fertiggestellte Kühlmodul dar.

Fazit
Die grundlegenden Anforderungen an die Kühlelemente bezüglich der Steifigkeit können von den Faltkernelementen erfüllt werden. Da aktuell sowie auch in nächster Zeit nur begrenzte Produktionskapazitäten zu erwarten sind, wurde eine umfangreichere Umsetzung im Bodenmodul bereits frühzeitig, zugunsten der Integration im Batteriemodul, verworfen.

Abb. 5.26 CAD-Darstellung des Zusammenbaus des Faltkern-Kühlmoduls

Abb. 5.27 Fertiggestelltes Faltkern-Kühlmodul

5.2.5 Kontaktierung im Serienprozess

Florian Ritter und Peter Middendorf

Der Bedarf für diese Technologie ergibt sich im Zusammenhang mit elektrischen Verbrauchern (Heizelemente, Sensoren, Energiespeicher), die in ein FVK-Laminat integriert werden. Deren Kontaktierung kann in Serienprozessen erst nach Herstellung des Bauteils erfolgen. Aufgrund der vorliegenden Kombination aus anliegender Spannung, direktem Kontakt leitfähiger Werkstoffe mit signifikantem elektrochemischem Potenzial und dem Vorhandensein eines Elektrolyts ist eine wesentliche Herausforderung die Verbesserung und Sicherstellung des Korrosionsschutzes. Um eine Automatisierung und Serientauglichkeit der Funktionsintegration zu gewährleiten wurde im Rahmen von LeiFu ein neuartiges, nunmehr patentiertes Kontaktierungskonzept entwickelt (Prinzip siehe Abb. 5.28).

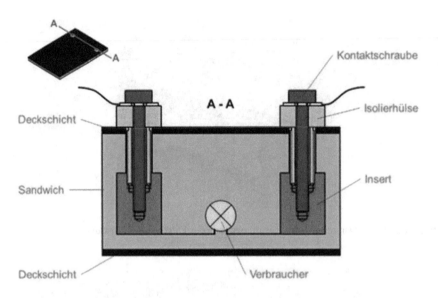

Abb. 5.28 Prinzipaufbau der Technologieentwicklung zur Kontaktierung im Serienprozess

Technologischer Ansatz und Ergebnisse, Anwendung und Funktionsnachweis

Die elektrische Kontaktierung von Faserverbundteilen bzw. der darin integrierten funktionalen Komponenten stellt eine große Herausforderung hinsichtlich der
betriebssicheren Ausführung dar. Lötstellen brechen häufig und bieten keinerlei
Korrosionsschutz bei Feuchtigkeitsangriff. Die Kombination von anliegender Spannung,
direktem Kontakt leitfähiger Werkstoffe mit signifikantem elektromechanischem Potenzial und das Vorhandensein eines Elektrolyts beschleunigen den Korrosionsprozess dras-
tisch. Durch die Nutzung eines isolierenden Zwischenwerkstoffs wird ein ausreichender
Schutz vor Korrosionsvorgängen zwischen den möglicherweise leitfähigen Fasern, den
metallischen Werkstoffen und den vorliegenden Elektrolyten gewährleistet. Die entsprechende Fixierung der Komponenten ermöglicht eine robuste und dauerhafte Verbindung über die Betriebsdauer.

Der vorgestellte Lösungsansatz zur Kontaktierung in Serienprozessen wurde anhand
von Teststrukturen im Vakuuminfusionsverfahren erprobt und an einer Laderaummulde
mit integrierten Heiztextilien demonstriert. Das Bauteil wurde aufgrund der Verfügbarkeit entsprechender Fertigungswerkzeuge für das RTM-Verfahren ausgewählt.
Insgesamt wurden drei Bauteile mit integrierter Heizfunktion und Kontaktierungskonzept aufgebaut. An jedem Bauteil wurden thermische Versuche und Funktionali-
tätstest durchgeführt. Bei der thermischen Funktionalität wurde die Wärmeverteilung
betrachtet und die Heizleistung ermittelt. Die Machbarkeit konnte bestätigt werden
und insgesamt konnten eine Automatisierbarkeit und Serientauglichkeit nachgewiesen
werden.

Fazit

Die Entwicklung der Einzeltechnologie „Kontaktierung im Serienprozess" ist abgeschlossen. Die Integration einer beheizbaren Laderaummulde in das Bodenmodul in LeiFu wurde nicht verfolgt, da sich nutzungsseitig keine Bedarfe für eine Heizfunktion dieser Fahrzeugkomponente ergeben. Da entgegen dem ursprünglichen Lei-Fu-Rahmenplan nach aktuellem Stand eine strukturintegrierte Fußbodenheizung nicht weiterverfolgt wird, kommt die Technologie in diesem Zusammenhang nicht weiter zum Einsatz.

5.3   Strukturintegrierte Schadens-/Crashsensorik

Karim Bharoun, Andreas Damm und Sabine Frick

5.3.1 PVDF-Fasern

Im technologischen Ansatz wurden durch piezoelektrische Fasern aus dem Polymer Polyvinylidenfluorid (PVDF) gute Eigenschaften für eine faserbasierte Messung mechanischer Ereignisse erzeugt.

Durch Schmelzspinnen von PVDF zu Multifilamentgarnen und Verarbeitung zu einem Bändchen durch einen Webprozess wurde ein in CFK integrierbares piezoelektrisches Textil entwickelt. Das Bändchen wurde über ein Hochspannungsfeld polarisiert. Die Polarisation der Gewebebändchen zeigte eine deutliche Erhöhung des messbaren piezoelektrischen Effekts. Durch Einbetten in eine CFK-Platte und Kontaktierung über Carbonfasergewebe konnte eine Verformung anhand eines messbaren piezoelektrischen Effekts gemessen werden, sodass an einem Plattenaufbau die mechanische Verformung getestet werden konnte (Abb. 5.29).

Die so in einem Labordemonstrator erzielten Ergebnisse belegen die Eignung der PVDF-Fasern als faserbasierte Sensoren für eine mechanische Verformung. Die Fasern lassen sich in Form von textilen Strukturen als Bändchen oder Gelege in beliebig komplexe Formen integrieren.

Zur Detektion eines Schadens etwa an einem lastragenden Bauteil müssen die PVDF-Halbzeuge an den bruchgefährdeten Stellen integriert werden. Im Schadensfall sollte sich eine deutlich geänderte Signalerzeugung durch die Störung der Struktur zeigen, was sich etwa durch eine FFT-Analyse in der Signalauswertung detektieren lässt.

Versuche mit den am ITCF hergestellten PVDF-Multifilamenten, die am ITV zu einem Bändchen gewebt wurden, und anderen PVDF-Fasern, bzw. Multifilamenten haben gezeigt, dass ein hoher Anteil von β-kristallin vorliegendem PVDF sich sehr positiv auf den piezoelektrischen Effekt auswirkt. Testreihen haben gezeigt, dass das heiß verstrecken der Fasern das Vorliegen von β-kristallinem PVDF fördert. Nachträglich

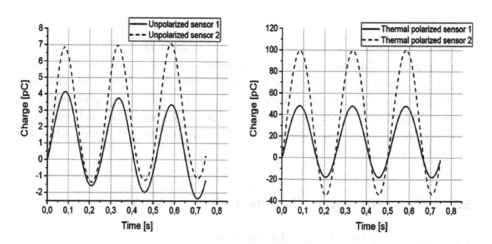

Abb. 5.29 Messung der elektrischen Ladung einer unpolarisierten (links) und einer polarisierten PVDF-enthaltenden CFK-Platte

durchgeführte Heißbehandlungen z. B. an einer Heißpresse bei bis zu 120 °C und auch unter Druck führten nicht mehr zu einer Erhöhung des β-kristallinen Anteils. Dies wird mittels ATR-IR Aufnahmen verifiziert. Die charakteristischen Banden der β-kristallinen Struktur haben sich nicht verändert.

Neben den am ITCF hergestellten PVDF-Fasern sind käuflich erhältliche Fasern und Gewebe untersucht worden. Es zeigte sich, dass einige der frei erhältlichen Fasern ebenfalls einen ausreichend hohen β-kristallinen Anteil besitzen um nach der Polarisation einen deutlich messbaren piezoelektrischen Effekt zu zeigen. Neben dem Nachweis der Höhe des piezoelektrischen Effekts wurde ebenso der Einfluss auf die mechanischen Eigenschaften durch die Integration von PVDF untersucht. Hierzu wurde die interlaminare Scherfestigkeit von Glas- und Carbonfaser-Prüfkörpern mit vier verschiedenen integrierten PVDF Geweben nach DIN EN ISO 14130 geprüft und mit einer Referenzprobe aus Glas- und Carbonfaser verglichen. Das PVDF–Gewebe wurde in die Symmetrieebene des Lagenaufbaus integriert, dort wo die Biegespannung am geringsten und die Scherspannung am größten ist. Ein Auszug der Ergebnisse ist in Abb. 5.30 dargestellt. Es ist zu erkennen, dass durch die Integration der PVDF-Fasern die interlaminare Scherfestigkeit nicht herabgesetzt wird. Aus mechanischer Sicht spricht somit nichts gegen den Einsatz von PVDF-basierten Sensoren in Bauteilen aus Faserverbundkunststoffen.

Hinsichtlich der Kontaktierung der PVDF-Sensoren innerhalb des Faserverbundkunststoffes hat sich die Verwendung von feinen Drahtgeweben als sinnvoll erwiesen. Zum einen eröffnet dies im Gegensatz zu einer Kontaktierung mittels Carbonfasern die Möglichkeit die Anschlusskabel an das Gewebe anzulöten. Zum anderen ist aufgrund des textilen Charakters eine Einbettung in den Matrixwerkstoff deutlich besser als dies bei der Kontaktierung mittels Kupferfolie der Fall ist.

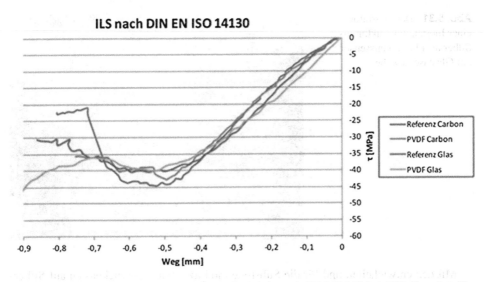

Abb. 5.30 Verlauf der interlaminaren Scherfestigkeit nach DIN EN ISO 14130 über den Verformungsweg

Besonders interessant ist die Überwachung der induktiven Ladeeinheit auf Verformung bzw. Auftreten eines Impacts. Hierzu eignen sich die PVDF-basierten Sensoren sehr gut. Eine induktive Ladeeinheit, die die PVDF-Fasern als Sensoren beinhaltet ist hergestellt worden. Die Fasergeometrie ermöglicht eine sehr flexible Anpassung an komplexe Geometrien.

Fazit

Die erarbeitete Technologie ist geeignet um Deformationen in Verbundwerkstoffbauteilen anzuzeigen. Tests an der hergestellten Induktionsspule mit integrierten PVDF-Sensoren zeigen eine Korrelation und Reproduzierbarkeit von mechanisch einwirkender Kraft zu erhaltenem Messsignal.

Die Kontaktierung der PVDF-Sensoren erfolgt mittels eines Metallgewebes, welches sehr flexibel ist, und sich somit sehr gut an verschiedene, auch komplexe Geometrien anpasst.

5.3.2 Gedruckte Sensoren am Beispiel der Flüssigkeitssensorik

Sabine Frick

Die Detektion von Flüssigkeiten wird durch das Bedrucken der CFK-Strukturen mit leitfähigen Strukturen im Siebdruckverfahren realisiert. Durch Drucken einer Interdigitalstruktur, die sich sehr fein und in variablen Größen ausführen lässt, können zuverlässig leitfähige Flüssigkeiten detektiert werden.

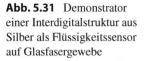

Abb. 5.31 Demonstrator
einer Interdigitalstruktur aus
Silber als Flüssigkeitssensor
auf Glasfasergewebe

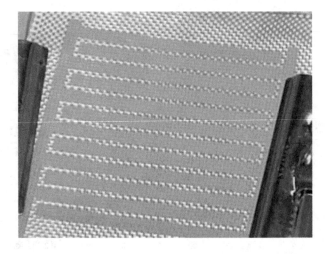

Mit den entwickelten und für die Substrate modifizierten Siebdruckpasten auf Silber-basis ist es möglich diese leitfähigen Interdigitalstrukturen zu drucken (siehe Abb. 5.31). Es ist notwendig, die Rheologie der Pasten auf das Substrat anzupassen, da ein Ober-flächendruck angestrebt wird. Die Interdigitalstrukturen zeigen einen ausreichenden geringen Widerstand von bis zu 1 Ω.

Ebenfalls mit Fokus auf Flüssigkeitsdetektion ist die Einsetzbarkeit eines am ITV entwickelten neuartigen, kapazitiven Fasersensors untersucht worden. Dieser Faser-sensor ist in der Lage das Vorhandensein von polaren Flüssigkeiten aufgrund einer Kapazitätsänderung zu detektieren. Um die Funktionsfähigkeit von in Faserverbund-werkstoffen integrierten Fasersensoren zu überprüfen ist ein 1 m langes Stück Sensor in einen Glasfaserlagenaufbau integriert und mit Epoxid infiltriert worden. Nach der Aus-härtung wurde der Teststreifen in 5-cm-Abschnitten in ein mit Wasser befülltes Becken getaucht und dabei die Kapazität aufgezeichnet. Es konnte eine klare Linearität bei der Kapazitätsänderung gezeigt werden. Da der Sensor durch Epoxidharz von dem Wasser getrennt ist, bestätigt dies die Annahme, dass dieses Sensorprinzip berührungslos funk-tioniert.

Die entwickelte Technologie der gedruckten Interdigitalstrukturen ist funktionsfähig und lässt sich durch den verwendeten Siebdruck auch auf CFK-Oberflächen realisieren. Ihr Einsatz in LeiFu in Kombination mit anderen Technologien muss aber stets hinter-fragt werden. Im Innenaufbau der Batterie sind aufgrund möglicher Hochvoltfelder keine offenen Metallkontakte möglich. Zur Messung des Austritts von Kühlmedium sind die entwickelten Sensoren jedoch sinnvoll. Der Einsatz ist immer im Kontext der korres-pondierenden Technologie zu bewerten. Diese Technologie ist aufgrund des Siebdrucks eventuell auch in Ausführung als Rollendruck in großen Stückzahlen herstellbar.

Ein Flüssigkeitssensor wurde für den Einsatz am Batteriemodul entwickelt. Er wird unter dem Kühlmodul eingesetzt werden, da dort keine Problematik mit Hochvolt besteht.

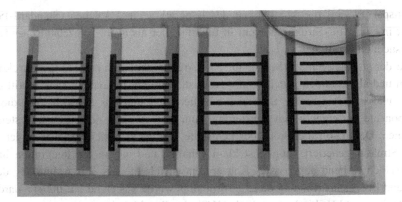

Abb. 5.32 Feuchtigkeitssensoren in unterschiedlichen Größen

Es wurde ein Glasfaserverbundwerkstoff mit integriertem leitfähigem Gewebe hergestellt. Auf diesen wurde mit Siebdrucktechnik die Doppelkammstrukturen aufgedruckt und das ganze wird über eine Lötstelle mit einem Kabel kontaktiert (siehe Abb. 5.32). Die Herstellung des Sensors wurde in enger Zusammenarbeit von ITV und ITCF ausgeführt.

Fazit

Die entwickelte Technologie der gedruckten Interdigitalstrukturen ist funktionsfähig und lässt sich durch den verwendeten Siebdruck auch auf CFK-Oberflächen realisieren. Ihr Einsatz in LeiFu in Kombination mit anderen Technologien muss aber stets hinterfragt werden. Im Innenaufbau der Batterie sind aufgrund möglicher Hochvoltfelder keine offenen Metallkontakte möglich, zur Messung des Austritts von Kühlmedium sind die entwickelten Sensoren aber durchaus sinnvoll. Der Einsatz ist immer im Kontext der korrespondierenden Technologie zu bewerten. Diese Technologie ist aufgrund des Siebdrucks, eventuell auch in Ausführung als Rollendruck in großen Stückzahlen herstellbar.

Die Technologie des kapazitiven Fasersensors ist für eine Flüssigkeitsdetektion an der HV-Batterie besser geeignet, da sie keinen direkten Kontakt zur Flüssigkeit (in diesem Fall Wasser) besitzen muss.

5.3.3 Integration bestehender Automobilsensorik in CFK-Strukturen

Als eine weitere Methodik zur Integration von Sensorfunktionen in das Bodenmodul werden im Forschungsvorhaben bereits entwickelte und eingesetzte Sensorkomponenten des Stands der Technik adaptiert. Dabei wird ein Beschleunigungssensor der Crash-Sensierung, wie er aktuell im Fahrzeugbetrieb eingesetzt wird, fokussiert. Als Teil des

Arbeitspakets wird die Möglichkeit der Integration eines solchen (Standard-)Sensors direkt in eine CFK-Struktur sowohl in funktioneller als auch in mechanischer Hinsicht untersucht und verifiziert.

Da der standardgemäße Sensor für eine Anschraubung an die Fahrzeugstruktur ausgelegt und als Komplettbauteil relativ groß ist, wurde er in einem ersten Schritt an eine faser- und laminatgerechte Bauweise adaptiert und ihm das Sensormodul, die Kernkomponente der eigentlichen Sensierung, zum Aufbau eines neuen Sensorsystems entnommen. Damit soll die Größe der Fehlstelle, die der integrierte Sensor in der finalen CFK-Struktur generiert, möglichst klein gehalten und ein an die Integration in einen Mehrschichtverbund angepasstes Konzept entwickelt werden. Zur Anbindung der Signal- und Energieübertragung des Sensormoduls wurde basierend auf der standardgemäßen Aufbau- und Verbindungstechnik (AVT) des Beschleunigungssensors ein neuartiges Sensorsystem auf Basis flexibler Folien entwickelt. Dieses beinhaltet die Kontaktierung, Verdrahtung und die Steckeranbindung des Sensors zur Peripherie. Die neue Geometrie dient der besseren Integration des Sensors als Teil eines Mehrschichtverbunds beziehungsweise Laminataufbaus (Abb. 5.33).

Das neu konzipierte Sensorsystem wurde direkt zwischen die Textillagen eines CFK-Laminats eingebracht, wobei das Herstellungsverfahren Liquid Composite Molding (LCM) zum Einsatz kommt. Die Versuche erfolgten zunächst mittels des speziellen LCM-Prozesses Vacuum Assisted Resin Infusion (VARI). Hierbei wurden anhand eines mehrlagigen CFK-Laminats auf Basis von Epoxidharz zweidimensionale Demonstratorplatten mit integriertem Sensorsystem hergestellt. Die gewonnenen Erkenntnisse zum Prozess der Sensorintegration wurden auf die Herstellung im serienfähigeren LCM-Verfahren Resin Transfer Molding (RTM) übertragen. Hierzu wurde ein Werkzeug zur Sensorintegration basierend auf den Ergebnissen der VARI-Versuche konstruiert und gebaut (siehe Abb. 5.34).

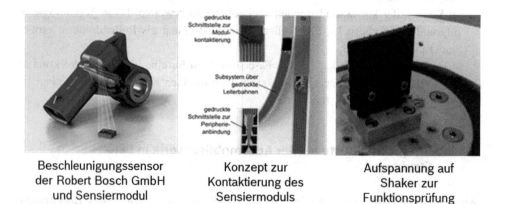

Beschleunigungssensor   Konzept zur   Aufspannung auf
der Robert Bosch GmbH   Kontaktierung des   Shaker zur
und Sensiermodul   Sensiermoduls   Funktionsprüfung

Abb. 5.33 Sensor (links), folienbasiertes Sensorsystem (Mitte) und Funktionsdemonstrator mit integriertem Sensorsystem (rechts). (Quelle: Robert Bosch GmbH)

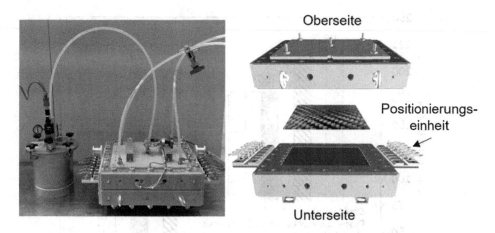

Abb. 5.34 Werkzeug zur Sensorintegration in FVK-Platten im RTM-Prozess. (Quelle: Robert Bosch GmbH)

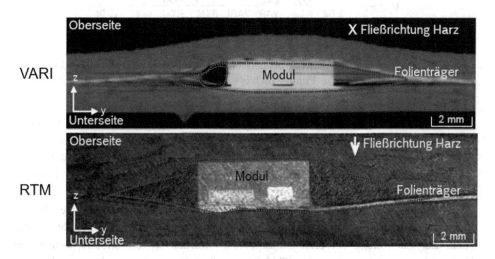

Abb. 5.35 Vergleich der Sensorintegration in den Prozessen VARI und RTM. (Quelle: Robert Bosch GmbH)

An hergestellten Proben konnte die Funktionalität des in die CFK-Struktur integrierten Sensorsystems funktionell nachgewiesen werden. Die korrekte Sensierfunktion des Sensormoduls setzte auch die Realisierung einer präzisen und reproduzierbaren Lage innerhalb der Trägerstruktur sowie eine gute, möglichst lunkerfreie Integrationsqualität voraus (Abb. 5.35).

Der Vergleich zeigt, dass es im RTM-Prozess gelingt, das untersuchte Sensorsystem ohne Lunkerbildung zu integrieren. Eine räumliche Verschiebung des Sensors kann in beiden Prozessen durch Anwendung einer Positioniereinheit erfolgreich vermieden bzw.

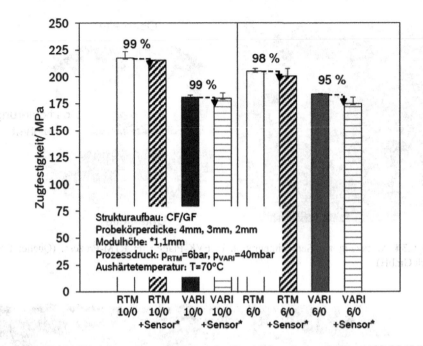

Abb. 5.36 Zugfestigkeit integrierter Strukturen im Vergleich zwischen RTM und VARI (5 Probekörper je Versuchsreihe bzw. Typ, Prüfung nach EN ISO 527–4, Quelle: Robert Bosch GmbH)

innerhalb der zulässigen Lageabweichung nach Sensorspezifikation der Automobilhersteller für herkömmlich am Fahrzeug angebrachte Sensoren reduziert werden.

Die Ergebnisse des strukturmechanischen Verhaltens integrierter Sensorsysteme sind zusammenfassend in Abb. 5.36 dargestellt, wiederum vergleichend für die Prozesse VARI und RTM.

Die Untersuchungen zeigen, dass im RTM-Prozess insgesamt eine höhere Integrationsqualität bei höherer Festigkeit der integrierten Strukturen erreicht werden kann. Zur Einordnung der erzielten Ergebnisse wurden weitere strukturmechanische Untersuchungen zum einen an im RTM-Prozess funktionalisierten und zum anderen an nicht funktionalisierten Proben durchgeführt (siehe Abb. 5.37).

Die Ergebnisse der strukturmechanischen Untersuchungen zeigen, dass durch die Integration einer Sensorik in ein CFK-Laminat je nach Laminatdicke eine Schwächung des Verbunds im Vergleich zum nicht funktionalisierten Material von bis zu ca. 10 % zu erwarten ist. Je dicker das Laminat aufgebaut ist, d. h. je geringer der Anteil des Sensors am Laminatquerschnitt ist, umso geringer ist der gemessene Abfall in den mechanischen Eigenschaften.

Als Basis für die Durchführung einer Funktionsprüfung an integrierten Sensoren wurde der aufgebaute RTM-Prozess sowie das erarbeitete Konzept zur Kontaktierung der integrierten Beschleunigungssensoren weiter optimiert. Hierzu wurden kleinere

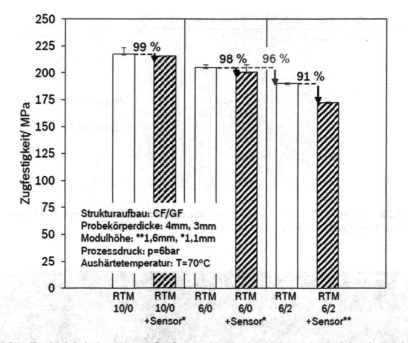

Abb. 5.37 Zugfestigkeit integrierter Strukturen im Vergleich zur nicht funktionalisierten Bauteil (RTM, 5 Probekörper je Versuchsreihe bzw. Typ, Prüfung nach EN ISO 527–4, Quelle: Robert Bosch GmbH)

Änderungen am RTM-Werkzeug durchgeführt. Das Kontaktierungskonzept wurde um ein Platinenlayout für die Kontaktierung von insgesamt drei Beschleunigungssensoren mittels eines Flachbandkabels erweitert und eine Verbindungsbuchse für die einfache Kontaktierung der Sensoren über Verbindungsstecker während und nach der Infiltrationsphase implementiert (siehe Abb. 5.38).

Die Ergebnisse der Analyse der Integrations- und Kontaktierungsqualität für im RTM-Prozess integrierte Sensoren ist in anhand einer zeitgleichen Auswertung eines Sensorverbunds aus drei Sensoren im Falle eines Impact-Ereignisses am CFK-Demonstrator bei einer Abtastrate des Beschleunigungssignals in allen drei Raumachsen (links) und der lokalen Temperatur (rechts) von ca. 500 Hz (siehe Abb. 5.39).

Die Ergebnisse der Messungen zeigen sehr anschaulich, dass die äußerlich aufgebrachte Belastung auf den Demonstrator von allen drei Sensoren annähernd zeitgleich erfasst und besonders in Form und Verlauf gleichartig von allen Sensoren wiedergegeben wird. Dies deutet auf eine reproduzierbare Integrationsqualität hin. Die ohne Übertragungsfehler erzielbare hohe Messfrequenz von 500 Hz bei Auswertung von insgesamt 12 Datenkanälen wird lediglich durch die Leistung des für die Datenerfassung und -darstellung verwendeten Arduino Due begrenzt. In weiterführenden Versuchen konnte durch Einsatz einer Datenspeicherung auf SD-Speichermedien und entsprechendem

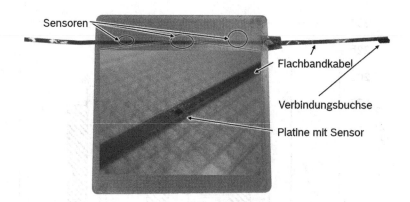

Abb. 5.38 Demonstrator „Sensorintegration" mit optimierter Kontaktierung (GFK anstatt CFK zur Darstellung, Quelle: Robert Bosch GmbH)

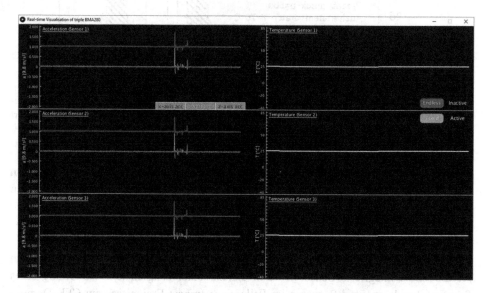

Abb. 5.39 Visualisierung der Messungen eines integrierten Sensorverbunds. (Quelle: Robert Bosch GmbH)

Verzicht auf eine Datenvisualisierung Abtastraten von über 1000 Hz erreicht werden. Die dafür benötigte hohe Stabilität der Datenverbindung unterstreicht die hohe Qualität des gewählten Kontaktierungskonzepts auch nach Durchlauf eines Harzinfiltrationsprozesses bei Prozessdrücken von 1–6 bar.

Fazit

Der Forschungsansatz im Projekt LeiFu stellt eine weitere Methodik zur Integration von Sensoren in FVK-Bauteile dar. Dies betrifft sowohl die Art und Verwendung der

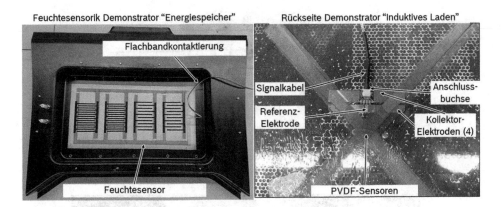

Abb. 5.40 Transferbauteile für das erarbeitete Kontaktierungskonzept

notwendigen technischen Komponenten, als auch das angestrebte Funktionsspektrum der integrierten Sensoren beziehungsweise Sensorkonzepte. Hierzu wurde ein essenzielles Verständnis entwickelt, durch das neue Anwendungen für den Einsatz von funktionsintegriertem FVK im Commodity-Bereich des Automobilbaus geschaffen werden.

Aufgrund der im Projektzeitraum von LeiFu nicht mehr zu erzielenden Absicherung der Crash-Belastung wurden trotz der sehr positiven Ergebnisse keine integrierten Sensoren im Bodenmodul verbaut. Das entwickelte Kontaktierungskonzept konnte jedoch erfolgreich in zwei Technologien, der Feuchtesensorik im Energiespeicher sowie der PVDF-Dehnungssensorik im induktiven Laden, transferiert werden. Die entsprechenden Demonstratoren sind in Abb. 5.40 gezeigt.

5.3.4 Temperatursensorik

Zur Messung der Temperatur in Faserverbundwerkstoffen existieren unterschiedliche Lösungen. Zwei davon werden in LeiFu untersucht und bewertet: SMD-Sensoren und Temperaturmessfasern.

SMD-Sensoren
Um Sensoren für die Temperaturüberwachung in Faserverbundkomponenten zu integrieren, wurde eine Methode gewählt, die auf konventionellen Sensoren (SMD) basiert. Die SMD sind auf ein eigens gewebtes textiles Leiterband aufgebracht, das eine genaue Positionierung und Ausrichtung der Sensoren in der Verbundstruktur ermöglicht (siehe Abb. 5.41). Gleichzeitig muss verhindert werden, dass beispielsweise die Harzfließfront in einem Konsolidierungsverfahren die Sensorbauteile nachträglich verschiebt. Der Kontakt zwischen den Leitern erfolgt über eine Platine, die als Bestandteil des

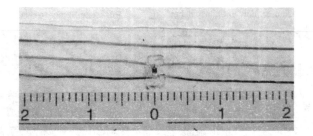

Abb. 5.41 Leiterband mit SMD-Temperatursensor

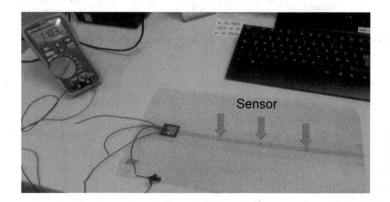

Abb. 5.42 Temperatursensor integriert in GFK-Platte und Datenlogger

Leitungsbandes verbleibt. Das Leitungsband wird danach mit dem VARI-Verfahren in die GFK-Verbundstruktur integriert (siehe Abb. 5.42).

Die Temperaturmessung kann durch Messung des Widerstandes der SMD-Sensoren realisiert werden (siehe Abb. 5.43). Der Messbereich des verwendeten Sensors liegt zwischen -40 °C und 150 °C. Im Prinzip kann die Integration des Temperatursensors in FVK durch das bestehende VARI-Verfahren realisiert werden. Eine potenzielle Anwendung für diese integrierten Temperatursensoren könnte in LeiFu in der Batteriebox sowie in der Temperaturregelung von integrierten Heizelementen sein.

Temperaturmessfasern

Des Weiteren wurden Versuche zur Temperaturmessung mittels Sensorfasern durchgeführt. Bei den Fasern handelt es sich um polymerbasierte Monofilamente, welche durch eine Dotierung mit Rußpartikeln elektrisch leitfähig sind. Als Messprinzip liegt die Temperaturabhängigkeit des elektrischen Widerstandes der Fasern zugrunde. Die Charakterisierung der verwendeten Faserkonfiguration ergab einen Messbereich von -40 °C bis 90 °C. Abb. (5.44) zeigt eine Temperaturfaser und den entsprechenden Verlauf des elektrischen Widerstands bei Änderung der Temperatur.

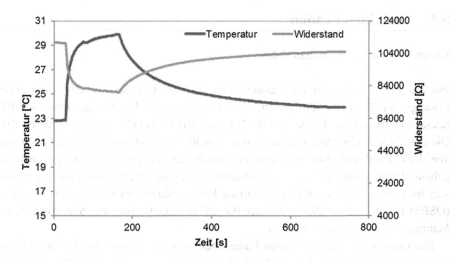

Abb. 5.43 Messergebnisse Temperatur und Widerstand bei Verwendung von SMD-Sensoren

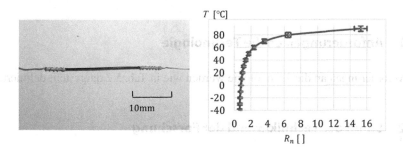

Abb. 5.44 Temperaturmessfaser (links) und Darstellung des Temperaturverlaufs über den normierten Widerstand (normiert bei 20 °C)

Fazit

Aufgrund ihres Fasercharakters lassen sich die Sensoren einfach in textile Halbzeuge integrieren. Dies ermöglicht die Messung direkt im Bauteil bei einer geringen Beeinflussung der strukturellen Eigenschaften. Die Temperaturfasern wurden in ein Glasgewebe eingewoben und in einem nächsten Schritt unter Laborbedingungen im RTM-Prozess hergestellt.

Zur Validierung der Ergebnisse aus den Laborversuchen wurden die Fasern anschließend in einem RTM-Serienbauteil (MF-Mulde) integriert. Hierbei zeigten sich aufgrund der anspruchsvollen Prozessbedingungen neue Problemstellungen. Durch entsprechende Optimierungsmaßnahmen konnte jedoch gezeigt werden, dass die Integration im Serienprozess möglich ist.

5.4   Induktives Laden

Karim Bharoun und Sebastian Vohrer

Für das induktive Laden im Automobil bieten verschiedene Anbieter kommerzielle Lösungen an (WiTricity, Qualcomm, Conductix-Wampfler, Evatran, Bombardier, EVWireless, and Momentum Dynamics) (Fisher et al. 2014; Idaho National Laboratory 2013). Die am Markt verfügbaren Baugruppen weisen in der Regel eine minimale Ladeleistung von 3,3 kW auf und sind aus mehreren montierten und vergossen Komponenten aufgebaut. Ansätze zum Aufbau in Leichtbaustrukturen integrierter Sekundärspulen finden sich im Projekt „Optimized and Systematic Energy Management in Electrical Vehicles" (OSEM-EV in Horizon2020 – Project ID: 653514 „Optimised and Systematic Energy Management in Electric Vehicles").

Die Umsetzung einer induktiven Ladeeinheit wird im Rahmen von LeiFu im Gegensatz zum Stand der Technik nicht durch Montage, sondern zur konsequenten Umsetzung einer Funktionsintegration durch Herstellung einer in ein FVK-Bauteil integrierten textilfixierten Ladespule verfolgt.

5.4.1   Anforderungen an die Technologie

Die Anforderungen an die Technologie wurden wie in Tab. 5.2 dargestellt definiert.

5.4.2   Stand der Technik/Stand der Forschung

Die maximale Ladeleistung der Systeme steht im direkten Zusammenhang mit der verwendeten Stromquelle. So können 3,3 kW bei Nutzung eines einphasigen 220 V-Anschlusses („Hausstrom") und 7 kW bei Einsatz eines dreiphasigen 400 V Drehstromanschlusses als maximale Ladeleistung erzielt werden. Demzufolge ist eine im Lastenheft definierte Ladeleistung ≈ 4 kW sinnvollerweise auf 3,3 kW festzulegen, um einen breiten Einsatz der Technologie bei der aktuellen Infrastruktur zu gewährleisten.

Die Größe der angebotenen Sekundärspulen (fahrzeugseitige Spule) überstieg mit Abmaßen von bspw. 600×600 mm² (Conductix-Wampfler und Daimler 2011) oder

Tab. 5.2 Anforderung aus Lastenheft

Funktion	Sicherheit
Ladeleistung: $P \approx 4$ kW	Crashabsicherung
Elektromagnetische Abschirmung	Elektrische Sicherheit (Isolation, Leckströme)
Vibrationsdämpfung	
Benutzerfreundliche Positionierung	Thermische Absicherung

464×525 mm² (Idaho National Laboratory 2013) jedoch die in LeiFu umsetzbaren maximalen Abmessungen, sodass eine Verwendung kommerziell verfügbarer Lösungen nicht möglich war. Demzufolge wurde bei der Umsetzung der Technologie der Fokus auf die Herstellung einer textil fixierten Spule bzw. auf ein Verfahren zur Herstellung einer FVK-basierten Sekundärspule gelegt, um so im weiteren Verlauf des Projekts aktuelle Ergebnisse zur Gestaltung der Sekundärspule zeitnah umsetzen zu können.

Erwartungsgemäß führten laufende Entwicklungen auf dem Themengebiet des induktiven Ladens zu einer Erhöhung der Leistungsdichte, sodass bspw. die Ladeleistung einer 3 kW Einheit bei einer Größe von 600×600 mm² (Diekhans und De Doncker 2014) auf eine Ladeleistung von 7 kW bei einer Größe der Einheit von ca. 300×300 mm² (Schumann et al. 2015a) angehoben werden kann.

5.4.3 Detaillierte Ergebnisse Teiltechnologie

Auf Basis der Anforderungen, den bereits bekannten Ergebnissen sowie des aktuellen Stands der Technik wurde eine technische Zielbeschreibung der Technologie entwickelt (siehe Tab. 5.3):

Aus der Definition der technischen Zielbeschreibung ergeben sich weitere Anforderungen an die Schnittstellentechnologien für das „Induktive Laden" (siehe Tab. 5.4):

Tab. 5.3 Technische Zielbeschreibung „Induktives Laden"

Beschreibung/Zielstellung	Kriterium	Wert
Ladeleistung	Elektrische Leistung P	$\approx 3{,}3$ kW (bei 220 V Netz)
Bauart	FVK-Metall-Hybrid, funktionsintegriert	Modular Multimaterial, Funktionsseparation
Gewichtseinsparung	Masse	$-15\ \%$ zu verfügbarer Einheit mit vergleiche Ladeleistung (Evetran Plugless Level 2 e. V. Charging System; ca. 4,5 kg)
Abmessungen (maximal)	$L_{max} \times B_{max} \times H_{max}$	Einseitig (Prio1): 470 mm x 470 mm x 40 mm Zweiseitig (Prio2): 300 mm x 300 mm x 40 mm
Lage der Aufnahmepunkte	Koordinaten	Frei wählbar innerhalb der Maximalabmessungen
Art und Lage der Schnittstellen/Anschlüsse	Position/Art	Seitlich (24 V, HV)
Grenzwert für die Erwärmung	T_{max} an Bodenunterseite	$< T_{Harz} \approx 120\ °C$
Grenzwert für die Strahlung im sekundären Streufeld	Magnetische Flussdichte	$< 6{,}25\ \mu T$

Tab. 5.4 Anforderungen Schnittstellentechnologien „Induktives Laden"

Technologie	Zu erfüllende Anforderungen
„Textile" Spule	Prozessfähigkeit bei Litzendurchmesser von ca. 4 mm
	Freie Ablage ohne Falschdraht
Bodenmodul	Bereitstellung:
	– Bauraum und Verschraubungspunkte
	– Schnittstelle HV
	– Erdungsanschluss
Heizen/Kühlen	Passive Kühlung (Aluminiumblech)
Konzept	Aluminiumblech zur Wärmeabfuhr, Schirmung und Erdung
Sensorik	Einsatz Temperatursensoren im Hochvoltbereich
Schaum	Schutz der zerbrechlichen Ferrite (NVH)

Zur Findung eines priorisierten Konzepts zur Integration der Funktion des induktiven Ladens wurden erste Potenzialabschätzungen für die Außenmontage des Funktionsträgers als mittragendes Montageelement durchgeführt (siehe Abb. 5.45). Dabei stellte sich heraus, dass die Wahl des Einbauorts unterhalb des Tunnels zwar Vorteile hinsichtlich der maximalen projizierten Fläche des Bauteils bietet, jedoch der Einsatz bei einem Hybrid-Fahrzeug aufgrund der Lage des Abgasstrangs ausgeschlossen ist. Daher werden die Seitenflächen neben der Tunnelsektion als Bauraum gewählt. Hierbei sind prinzipiell zwei Varianten denkbar; die einseitige bzw. zweiseitige Montage. Letztere hat zwar die Aufteilung der Funktion auf zwei Ladespulen zur Folge hat, jedoch im hohen Maße einen besonderen Mehrwert der mitragenden Funktion bei größeren unversteiften Flächen bedeutet. Aufgrund des größeren Bauraums sowie der Vermeidung einer Aufteilung der Funktion auf zwei Spulen wird die einseitige Lösung priorisiert. Durch das Konzept des mittragenden Montageelements entfällt die Anforderung nach der Crashabsicherung der Funktion. Eine weitere Absicherung ist nicht notwendig, da die Funktion im Crashfall bereits elektrisch vom Fahrzeug getrennt ist.

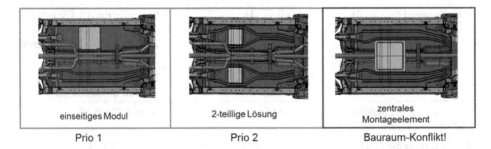

einseitiges Modul	2-teillige Lösung	zentrales Montageelement
Prio 1	Prio 2	Bauraum-Konflikt!

Abb. 5.45 Varianten der Bodenmodulanbindung „induktives Laden". (Quelle: DLR)

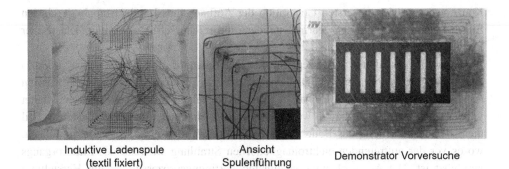

| Induktive Ladenspule (textil fixiert) | Ansicht Spulenführung | Demonstrator Vorversuche |

Abb. 5.46 Ergebnisse der Vorversuche zur Bauteilfertigung. (Quelle: ITV)

In Vorversuchen wurde die Herstellung eines Funktionsträgers untersucht, welcher bereits in einer textilen Trägerstruktur die Spulenaufnahme und die Ferritplatten integriert. Das System ist zur Ableitung des magnetischen Felds vom Fahrgastraum mit einer Aluminiumplatte abgedeckt. Den Abschluss bildet ein dünnes GFK-Gehäuse zur Abdichtung der Struktur gegenüber äußeren Medien. Das skizzierte System enthält somit werkzeugfallend die Spulenaufnahme, Ferritplatten, Aluminiumplatte, eine Abdichtung sowie eine tragende äußere Struktur aus duroplastischem GFK zur Anbindung an das Bodenmodul. Die Montage erfolgt über angebrachten Anschraubpunkte. Bilder des hergestellten Bauteils aus den Vorversuchen sowie die textile Fixierung einer Spule zeigt Abb. 5.46.

Basierend auf der Betrachtung des Herstellungsprozesses wurde ein optimiertes Konzept für den Demonstrator „Induktives Laden" (Gen.1) erarbeitet (siehe Abb. 5.47). Zur besseren Darstellung der Einzelkomponenten ist in der Abbildung der GFK-Deckel teilweise ausgeblendet. Besondere Berücksichtigung fand die Forderung nach einem Wechsel des Füllmaterials, sowie der optimierten Gestaltung der Spulenablage. So wird im

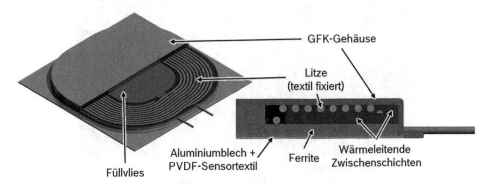

Abb. 5.47 Bauteilkonzept Demonstrator „Induktives Laden" (Gen.1, Quelle: Robert Bosch GmbH)

Konzeptentwurf der der ersten Generation der Aufbau eines Laminatstapels durch den Einsatz vorkonfektionierter wärmeleitender und elektrisch isolierender, elastischer Zwischenschichten vereinfacht.

Weiterhin beinhaltet das Konzept für den Demonstrator „Induktives Laden" (Gen.1) auch eine Integration eines PVDF-Sensortextils zur Erfassung mechanischer Lasten (Torsion). Diese können am Einbauort in das Anbauelement Sekundärspule eingeleitet werden und besonders die verwendeten Ferrite schädigen. Das PVDF-Sensortextil dient der Überwachung des Bauteils und befindet sich rückseitig am Aluminiumblech, wo es vor der auftretenden elektromagnetischen Strahlung während des Ladevorgangs geschützt ist. Die Auswahl eines geeigneten Fertigungsprozesses für die Herstellung einer textil fixierten Ladespule erfolgte durch Herstellung an zwei verschiedenen Stickmaschinen unterschiedlicher Hersteller und basierend auf der anschließenden Bewertung des Ergebnisses. In den Versuchen zeigte sich, dass für eine beschädigungsfreie Ablage der Litze besonders die genaue Kontrolle der Litzenspannung sowie der Positionierung von Litze und Stickfaden entscheidend sind. Begrenzende Faktoren stellen der Materialvorrat im Prozess sowie die Masse und Motorisierung des Maschinenkopfs dar.

Zur Auswahl der Füllmaterialien wurden für den Einsatz als wärmeleitende Zwischenschichten mehrere wärmeleitende und elektrisch isolierende Materialien verschiedener Hersteller untersucht und bewertet. Versuche zur Bauteilherstellung zeigten jedoch, dass bei der Komprimierung der Materialien bei der Bauteilherstellung Beschädigung an der textil fixierten Litze eintreten können. Abb. 5.48 zeigt hierzu ein

Automatisierte Spulenablage und Fixierung im Stickprozess

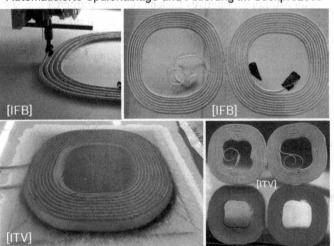

Demonstrator (Gen.1) und Litzenschädigung nach
Verpressen des Zwischenschichtmaterials

Abb. 5.48 Ergebnisse der Bauteilversuche Demonstrator (Gen.1)

Bild des Demonstrators (Gen.1), den automatisierten Prozess der Spulenablage und Spulenfixierung sowie die Schädigung der Spule im Herstellungsprozess durch das Zwischenschichtmaterial.

Für das finale Bauteilkonzept des Demonstrators „Induktives Laden" (Gen.2) wurde entsprechend das Zwischenschichtmaterial durch eine pastöse, additive Formmasse ersetzt. Das Fertigungskonzept des Demonstrators (Gen.2) ist Abb. 5.49 zu entnehmen.

Die Integration der Funktionen „Induktives Laden" in das Bodenmodul sowie der gefertigte Demonstrator (Gen.2) sind in Abb. 5.50 dargestellt. Hierbei wird der gefertigte Demonstrator mittels Schraubverbindungen unter Verwendung von Inserts am Bodenmodul befestigt. Die Anschlüsse der textilen Spule werden über ein pultrudiertes und an das Bodenmodul geklebtes GFK-Profil als Kabelschacht in Richtung der Fahrzeugfront geführt, wo in einem Realfahrzeug die Kontaktierung an die Leistungselektronik erfolgen kann. Durch die Verwendung eines pultrudierten GFK-Profils

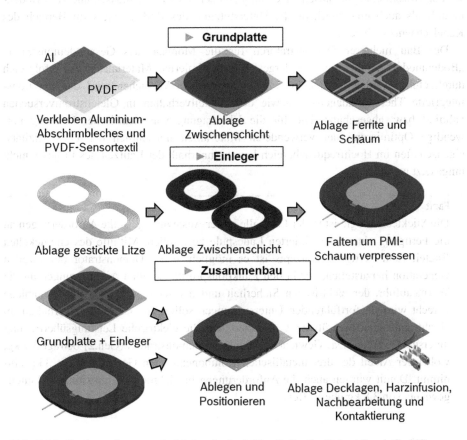

Abb. 5.49 Fertigungskonzept „Induktives Laden" (Gen.2, Quelle: Robert Bosch GmbH)

Abb. 5.50 Demonstrator (Gen.2) und Einbaulage Bodenmodul

werden sowohl eine galvanische Trennung (zwischen den Anschlüssen und zum Boden-modul) als auch eine mechanische Unterstützung des Bodenmoduls im Bereich des Kabelschachts realisiert.

Der Bau mehrerer Demonstratoren für die Montage des Gesamtdemonstrators „Bodenmodul" konnte mit der dargestellten optimierten Materialauswahl erfolgreich durchgeführt werden. In den in Kap. 7 dargestellten Versuchen wird das funktions-integrierte Thermomanagement sowie das Bauteilverhalten in Gleichstromversuchen validiert bzw. abgeschätzt. Die für die Übertragung von elektrischer Leistung not-wendige Optimierung der verwendeten Materialien hinsichtlich der Dielektrizitäts-eigenschaften im Hochfrequenzbereich konnte innerhalb der Laufzeit des Projekts nicht umgesetzt werden.

Fazit

Die Sticktechnologie ist in der Lage alle in der Auslegung gestellte Anforderungen an die Fertigung einer textil fixierten Ladespule zu erfüllen. Mithilfe des entwickelten Bauteil- und Fertigungskonzepts ist es möglich, einen Demonstrator der zweiten Generation herzustellen, der in den Funktionsprüfungen allen Anforderungen an die Wärmeabfuhr, der elektrischen Sicherheit und der schädigungsfreien Spulenablage gerecht wird. In fortführenden Untersuchungen sollte nun das Materialverhalten im Hochfrequenzfeld geprüft bzw. optimiert und die elektrische Leistungsübertragung untersucht werden. Das Gewicht des Funktionsdemonstrators (Gen.2) beträgt 3,7 kg, wobei der Anteil der drei metallischen Komponenten am Gesamtgewicht 3 kg ein-nimmt. Damit wurden auch die Anforderungen hinsichtlich des maximalen Bauteil-gewichts von 3,8 kg übertroffen.

5.5 Integration Energiespeicher

Karim Bharoun und Sathis Kumar Selvarayan

Die Integration eines Leichtbauenergiespeichers auf Basis von Lithium-Polymer-Batterien, dem Stand der Technik und der Referenztechnologie für xEV (HEV, PHEV und BEV) in PKW, steht über das Forschungsvorhaben LeiFu hinaus im Fokus der aktuellen Forschung und Entwicklung (Bundesministerium für Wirtschaft und Energie 2014; Heckert et al. 2015).

Im Rahmen des Forschungsvorhabens LeiFu wird der Fokus neben der Entwicklung einer selbsttragenden FVK-Bauteilstruktur zur Gewichtsreduzierung und der Integrierbarkeit der Lösung in ein Bodenmodul auf die Kostensenkung durch Produktionsoptimierung und Skalierbarkeit der Lösung gelegt. Hierbei steht besonders die Bauteilgestaltung hinsichtlich der prozesstechnischen und materialspezifischen Integration der Funktionalität „Kühlen" im Kern der Untersuchungen. Diese Fragestellung wurde bislang nicht oder nur unzureichend beantwortet.

5.5.1 Anforderungen an die Technologie

Die Anforderungen an die Technologie wurden in Tab. 5.5 definiert.

5.5.2 Stand der Technik/Stand der Forschung

Zum Thema „Energiespeicher im Automobil" konnten mehrere Technologien identifiziert werden (Thielmann et al. 2015). So stellen Lithium-Ionen-Batterien (LIB) aber auch Lithium-Polymer-Batterien (Li-Polymer) den Stand der Technik und die Referenztechnologie für xEV (HEV, PHEV und BEV) in PKW sowie zahlreiche weitere elektromobile Anwendungen dar. HV (4,4 bis 5 V) – LIB, Li-Feststoff-, Li-S bis Lithium-Luft (Li-Luft)-Batterien stellen Zukunftstechnologien dar, welche je nach Anforderungsprofil für die Elektromobilität relevant sind, jedoch eher in fernerer Zukunft (jenseits 2030)

Tab. 5.5 Anforderung aus Lastenheft an die Technologie „Energiespeicher"

Funktion	Sicherheit
Energieinhalt > 20 kWh	Crashabsicherung
Zugänglichkeit (Montage, Reparatur und Austausch)	Brandschutz („Fuel Fire")
Kühlung/Heizung	Elektrische Sicherheit
	(Isolation, Leckströme)
	Gehäuse Dichtigkeit und Druckausgleich
	Elektromagnetische Abschirmung

am Markt verfügbar sein werden (Thielmann et al. 2012). Bei der Zellfertigung dominieren asiatische Hersteller wie LG Chem Ltd., Samsung SDI, Panasonic Corp. und andere. Deutschland fokussiert sich auf die vor- und nachgelagerten Wertschöpfungsbereiche und die Systemintegration (Pack-, Modul-, Systemherstellung) (Thielmann et al. 2015). Klare Innovationstreiber für die Energiespeichertechnologien sind PHEV und BEV (Germany Trade & Invest (2015). Für den PHEV sind kleinformatige 18650 Zellen als auch großformatige, prismatische Batteriezellen mit einer Kapazität von ca. 20 Ah am Markt verfügbar. Jüngste Entwicklungen bei den großformatigen Zellen führten bei Projektbeginn zu einer Erhöhung der Energiedichte auf Zellebene und damit zu einem Anstieg der Kapazität von 28 Ah auf 37 Ah (Samsung SDI Co. 2015). Neben der Energiedichte auf Zellebene ist für einen flächendeckenden Einsatz der Technologie eine Erhöhung der Energiedichte auf Systemebene notwendig, d. h. es werden neue Technologien zur Kapselung bzw. zur Integration von Batterien im Fahrzeug benötigt. Dieses Themenfeld steht stark im Fokus der aktuellen Forschung. So auch im Arbeitspaket „Integration Energiespeicher" des Projekts LeiFu.

5.5.3 Detaillierte Ergebnisse Teiltechnologie

Auf Basis der Anforderungen, den Ergebnissen sowie des Stands der Technik wurde eine technische Zielbeschreibung der Technologie entwickelt (siehe Tab. 5.6).

Aus der Definition der technischen Zielbeschreibung ergeben sich weitere Anforderungen an die Schnittstellentechnogien für den „Energiespeicher" (siehe Tab. 5.7).

Zur Erhöhung der Energiedichte und Umsetzung eines funktionsintegrierten Leichtbaus auf Systemebene werden in der Technologie „Integration Energiespeicher" neue

Tab. 5.6 Technische Zielbeschreibung „Energiespeicher"

Beschreibung/Zielstellung	Kriterium	Wert
Bauraum (maximal)	L_{max} x B_{max} x H_{max}	800 mm x 420 mm x 300 mm
Energieinhalt	E	≈ 14 kWh auf Basis Bauraum und 37Ah Zellen
Gesamtgewicht integratives und integriertes Batteriemodul	Masse	Referenz.: Zellgewicht ≈ 77 kg, Rest ≈ 35 kg, Ziel: −10 kg (= 30 %)
Art und Lage der Schnittstellen/ Anschlüsse	Art und Position	Kühlmittel Masse
Gehäuse Batteriepack	Fixierung der Module Schirmung (EMV)	Rahmenkonstruktion Bodenmodul und Deckel

Tab. 5.7 Anforderungen Schnittstellentechnologien „Energiespeicher"

Technologien	Zu erfüllende Anforderungen
Bodenmodul	– Bauraum und Verschraubungspunkte – HV-Schnittstelle – 24 V-Stromversorgung – Daten-Schnittstelle – Erdungsanschluss
Heizen/Kühlen	– Aktive Kühlung – 400 W Abwärme – Temperierung (35 °C ± 3 °C)
Sensorik	– Feuchtesensor Kühlmodul – Temperatursensor Kühlmodul Wassereinlauf/-auslauf
Schaum	– Druckverformungsrest bzgl. Zellatmung

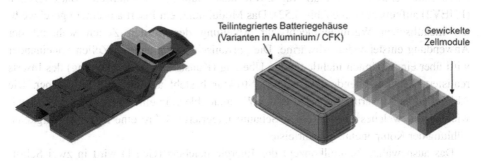

Abb. 5.51 Integrationskonzept „Energiespeicher". (Quelle: DLR)

Konzepte zur Herstellung und Integration einer automobilen Batterie in ein Bodenmodul untersucht. Der Fokus wurde dabei, entsprechend der in LeiFu verwendeten Materialien, auf duroplastische Matrixsysteme in Verbindung mit Carbon-/Glasfasern gelegt. Zum Packagingkonzept einer Batterie zählt im Allgemeinen die Aufteilung des Batteriepacks in Batteriemodule, welche aus einzelnen Batteriezellen aufgebaut sind. Im Arbeitspaket wird Leichtbau durch Funktionsintegration zunächst anhand von integrierbaren Batteriemodulen in FVK-Bauweise demonstriert und entsprechend des Montagekonzepts zur Bodenmodulanbindung umgesetzt.

Für das Strukturkonzept relevante geometrische Funktionsintegrationen wie die Batterie, wurden in erste Potenzialabschätzungen zur Integration dieser Elemente durchgeführt. Das Ergebnis der Untersuchungen zeigt Abb. 5.51.

So erfolgt die Integration der Batterie idealerweise über ein teilintegriertes (mittragendes) Batteriegehäuse. Diese Lösung stellt den besten Kompromiss zwischen der Forderung nach der Austauschbarkeit der Komponente auf der einen und der zu erwartenden Gewichtseinsparung auf der anderen Seite dar.

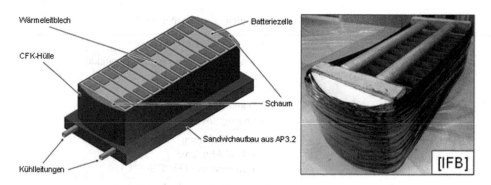

Abb. 5.52 Bauteilkonzept Energiespeicher (Gen.1, Quelle: Robert Bosch GmbH)

Für die erste Generation (Gen.1) eines Funktionsdemonstrators wird ein integrierbares Batteriemodul mit Platz für zwölf handelsübliche prismatische Batteriezellen (PHEV2) aufgebaut (siehe Abb. 5.52). Das Modul nutzt ein Insert aus einem geschweißten metallischen Wärmeleitblecht zur Ableitung der in den Zellen während der Anwendung entstehenden Abwärme. Die galvanische Trennung der Zellen voneinander wird über einen dünnen nichtleitenden Überzug (Kunststofffolie/Lackierung) des Inserts realisiert. Die umgebende lasttragende Struktur besteht aus einem CFK-Körper. Die Ableitung der Abwärme erfolgt über das Wärmeleitblech in ein entwickeltes CFK-Sandwichbauteil, welches über in einen Schaum integrierte Rohre eine aktive Flüssigkeitskühlung der Komponente gewährleistet.

Das ausgewählte Bauteilkonzept des Energiespeichers (Gen.1) wird in zwei Schritten gefertigt (siehe Abb. 5.53). In einem ersten Schritt wird das Oberteil zur Aufnahme der Batteriezellen hergestellt. Hierzu wird zunächst das geschweißte metallischen Wärmeleitblecht erzeugt, innenseitig mit einem dünnen nichtleitenden Überzug (Kunststofffolie/Lackierung) überzogen und stirnseitig für den sich anschließenden Wickelprozess angeschäumt. Im Wickelprozess erfolgt die Einbettung der Leitfähigkeitssensoren in die Struktur. In einem zweiten Schritt wird das Unterteil zum Thermomanagement des Batteriemoduls gefertigt. Hierbei wird zunächst die Schaumkomponente erzeugt und der Bauraum für die Kühlleitungen freigelegt. Anschließend wird die geformten Kühlleitungen eingelegt und im anschließenden VARI-Prozess die Hülle aus CFK-Material aufgebracht. Ober- und Unterteil werden anschließend durch Klebung miteinander verbunden.

Das Fügen durch Kleben sowie ein mögliches Setzen des Schaums und damit ein Verlust an Kühlleistung wurde neben der Fertigbarkeit der Schweißverbindungen in Untersuchungen anhand erster Funktionsdemonstratoren geprüft.

Insbesondere die Ergebnisse aus der Technologie „Kühlung" (siehe Abschn. 5.2.1) zur Gestaltung des Kühlmoduls sowie die zur Notwendigkeit der Verwendung von Wärmeleitblechen erforderten eine Überarbeitung des Bauteil- und Fertigungskonzepts (siehe Abb. 5.54 und 5.55). Anhand der durchgeführten Fertigungsversuche konnte die

Herstellung Wärmeleitblech inkl. Schaum → Wickeln CFK-Hülle (Oberteil) → Fügen Ober-/Unterteil

Schaumherstellung → Integration Kühlrohre → Herstellung Unterteil

Abb. 5.53 Fertigungskonzept Energiespeicher (Gen.1, Quelle: Robert Bosch GmbH)

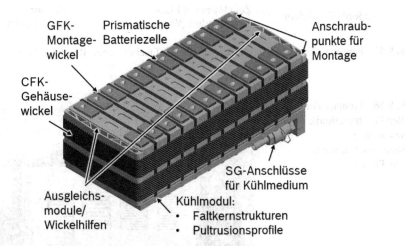

GFK-Montagewickel — Prismatische Batteriezelle — Anschraubpunkte für Montage

CFK-Gehäusewickel

SG-Anschlüsse für Kühlmedium

Ausgleichsmodule/ Wickelhilfen — Kühlmodul:
• Faltkernstrukturen
• Pultrusionsprofile

Abb. 5.54 Bauteilkonzept Energiespeicher (Gen.2, Quelle: Robert Bosch GmbH)

Machbarkeit und Funktionalität des Bauteilkonzepts der zweiten Generation (Gen.2) zur Aufnahme standardisiert Batteriezellen auf PHEV2-Basis validiert werden.

Zur Integration der Funktion „Energiespeicher" in den Unterboden wurde im Anschluss an die Fertigungsversuche ein Montagekonzept erarbeitet (siehe Abb. 5.56). So wird die Funktion der Bauteilüberwachung (Feuchteaustritt) in den für die Aufnahme des Batteriepacks vorgesehenen Bauraum im Bodenmodul verlagert. Der hierzu entwickelte textile Sensor wird rückseitig mit dem Bodenmodul verklebt und kann so die Kühlmediendichtigkeit der gesamten Baugruppe überwachen.

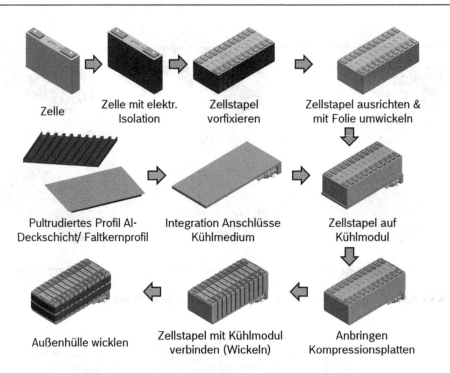

Abb. 5.55 Fertigungskonzept Energiespeicher (Gen.2, Quelle: Robert Bosch GmbH)

Abb. 5.56 Montage der
textilen Feuchtesensorik
(Überwachung
Kühlmediendichtigkeit,
Quelle: ITCF)

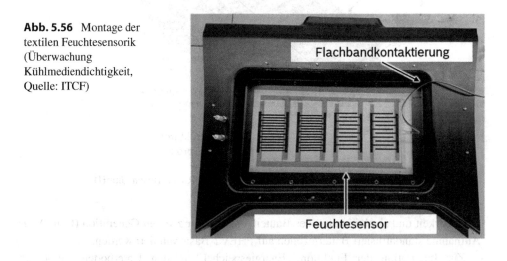

Die Aufnahme der acht Batteriemodule im Unterboden erfolgt über eine entwickelte Rahmenkonstruktion. Die Batteriemodule werden über die Kompressionsplatten mit dem Rahmen verschraubt. Dieser wird anschließend über weitere Schraubverbindungen und Inserts mit dem Bodenmodul starr verbunden (siehe Abb. 5.57 und 5.58).

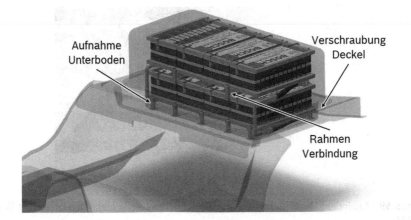

Abb. 5.57 Anbindung des Batteriepacks an das Bodenmodul. (Quelle: Robert Bosch GmbH)

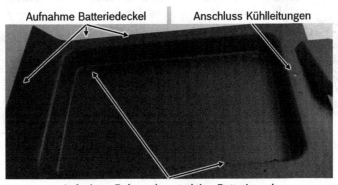

Abb. 5.58 Aufnahmepunkte Batterierahmen und Batteriedeckel im Bodenmodul

Eine Anbindung des Batteriepacks über Schwingungsdämpfer ist aufgrund des begrenzten Bauraums bei hohen Bauteilbelastungen und den daraus resultierenden Schwingungsdämpferabmaßen nicht möglich (siehe Abb. 5.59).

Um die Belastungen auf die Inserts der Bodenmodulaufnahme zu verringern, wird der Batteriedeckel aufgrund seines hohen Flächenträgheitsmoments als unterstützendes Bauteil genutzt. Mittels einfacher Bolzen erfolgt eine Anbindung des Batteriepacks an den Deckel.

Die Kontaktierung und Verteilung von Kühlmedium und Strom erfolgt im Batteriepack entlang des Batterierahmens. Zuführungen und Abläufe werden über Montageöffnungen im Bodenmodul in den Bereich zwischen Ober- und Unterschale realisiert (siehe Abb. 5.60).

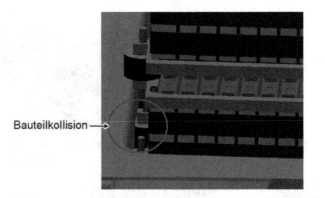

Abb. 5.59 Anbindung des Batteriepacks mittels Schwingungsdämpfer. (Quelle: Robert Bosch GmbH)

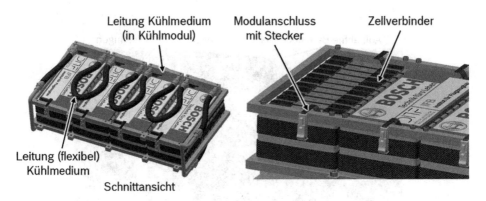

Abb. 5.60 Kontaktier- und Leitungskonzepte (Links: Kühlmedium, Rechts: Elektrischer Strom, Quelle: Robert Bosch GmbH)

Fazit

Im Rahmen der Arbeiten konnte eine Standarisierung der zu entwickelnden Lösung zur Aufnahme von PHEV-Batteriezellen durch konsequenten Einsatz der Wickeltechnologie für verschiedene Komponenten des Energiespeichers und der fügetechnischen Verbindung dieser erzielt werden. Die Optimierung des Bauteil-, Fertigungs- und Fügekonzepts wurde erfolgreich in Form eines Demonstrators umgesetzt (siehe Abb. 5.61). Sämtliche Bauteile (Wickelmaterial, Zellen, Ausgleichsmodule) und Komponenten (Kühlmodul, textile Heiz- und Sensorplatte) sind verfügbar.

Eine erste Gewichtsabschätzung weist ein Modulgewicht von ca. 11 kg inklusive PHEV2-Zellen (9,6 kg) und exklusive Kühlmedium aus. Damit beträgt das Gewicht des Batteriepacks exklusive Batteriepackdeckel und verbauter Sicherheitskomponenten ca. 87,6 kg. Ein Zielgewicht unterhalb der Anforderungen an die Technologie (< 112 kg) ist erreichbar.

Abb. 5.61 Demonstrator
Energiespeicher (Gen.2) in
Einbaulage

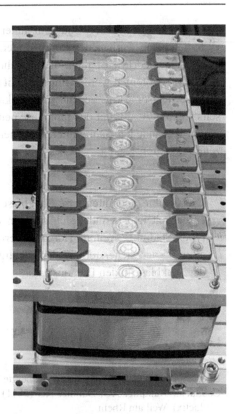

5.6   Integrierte und flexible Tankblase

Klaus Fürderer, Robert Bjekovic, Maximilian Hardt und Peter Middendorf

Das Konzept des LeiFu-Bodenmoduls basiert auf einem Hybrid-Fahrzeug, sodass neben Batteriemodulen zur Speicherung der elektrischen Energie ein Tanksystem für die Speicherung konventioneller Kraftstoffe vorgesehen ist. In Serienfahrzeugen kommen heutzutage entweder klassische Tanksysteme aus Stahl oder Kunststoff zum Einsatz. Auch wenn der Einsatz von Kunststoff bereits einen erheblichen Gewichtsvorteil gegenüber Stahl einbringt, wird das Leichtbaupotenzial durch diese aktuellen Lösungen noch nicht vollständig ausgeschöpft.

Neben der zu erzielenden Gewichtsersparnis, liegt eine weitere Herausforderung in der Integration der Tanksysteme in das Fahrzeug. Aufgrund der Vielzahl unterschiedlicher Bauteile in heutigen Serienfahrzeugen sind die Bauräume für Tanksysteme meist sehr begrenzt. Dies führt einerseits zu sehr komplexen Bauformen, andererseits zu einer erhöhten Komplexität in der Montage.

Um diesen Herausforderungen zu begegnen, wurde in LeiFu der Einsatz einer flexiblen und integrierten Tankblase verfolgt. Als Integrationsort wurde analog zum Serienfahrzeug der Bauraum unter der Rücksitzbank gewählt. Der spezifische CFK-Sandwich-Aufbau des LeiFu-Bodenmoduls ermöglicht es, die Materialstärke des Tanks sehr niedrig zu halten, da nur sehr geringe mechanische Kräfte durch den Tank selbst aufgenommen werden müssen. Mit dieser folienbasierten Tankblase soll einerseits eine Gewichtsersparnis gegenüber den aktuellen Serienvarianten erzielt werden, andererseits soll die Flexibilität der Tankblase neue Möglichkeiten zur Integration der Tankblase in den vorhandenen Bauraum ermöglichen und somit den Montageaufwand in der Fahrzeugproduktion senken.

Fazit

Die flexible und integrierte Tankblase wurde als zusätzliche Technologie in LeiFu entwickelt und befindet sich noch in einem frühen aber vielversprechenden Prototypen-Stadium. Weitere Herausforderungen in der Entwicklung bestehen nun vor allem in der Sicherstellung der Dichtigkeit der Verschweißung sowie der Integration der Tankblase in den Demonstrator.

Literatur

Bundesministerium für Wirtschaft und Energie (2014) „Leuchtturmprojekte der Elektromobilität"

Conductix-Wampfler AG, Daimler AG (2011) Kontaktloses Laden von Elektrofahrzeugen (Conductix). Weil am Rhein

Diekhans T, De Doncker RW (2014) A dual-side controlled inductive power transfer system optimized for large coupling factor variations. In: Energy Conversion Congress and Exposition (ECCE), 2014 IEEE. S. 652–659

Fisher TM, Farley KB, Gao Y, Bai H, Tse ZTH (2014) Electric vehicle wireless charging technology: a state-of-the-art review of magnetic coupling systems. Wireless Power Transfer 1:87–96

Germany Trade & Invest (2015) Electromobility in Germany: Vision 2020 and Beyond. Berlin

Heckert A, Fleckenstein M, Lustig R, Schleicher A, Wagner M, Rättich P (2015) Energiespeichermodul und Verfahren zu dessen Herstellung

Idaho National Laboratory (2013) Plugless Level 2 EV Charging System (3.3 kW) by Evatran Group Inc., INL/MIS-13-29807. Vehicle Technologies Program 2–3

Samsung SDI Co. (2015) Samsung SDI take part in „China Auto Shanghai 2015". Samsung News. https://www.samsungchemical.com/jsp/eng/pr_center/sm_news_view.jsp?IDX=187. Zugegriffen: 19.02.2019

Schumann P, Diekhans T, Blum O, Brenner U, Henkel A (2015a) Compact 7 kW inductive charging system with circular coil design. In: Proceedings of the 5th International Electric Drives Production Conference (EDPC). S. 1–5

Thielmann A, Sauer A, Wietschel M (2012) Technologie-Roadmap Energiespeicher für die Elektromobilität 2030. Fraunhofer ISI, Karlsruhe

Thielmann A, Sauer A, Wietschel M (2015) Gesamt-Roadmap Lithium-Ionen-Batterien 2030. Fraunhofer ISI, Karlsruhe

Demonstrator

6

Daniel Michaelis

Dieses Kapitel befasst sich mit dem Aufbau eines funktionalen Demonstrators. Hierbei wird sowohl auf die eigentliche Fertigung als auch die Montage eingegangen.

6.1 Konzeptfestlegung und Konstruktion Demonstrator

Daniel Michaelis

Die in Kap. 5 genannten Einzeltechnologien wurden im Vorfeld auf Basis der Ergebnisse von Vorversuchen ausgewählt. Um die Integration in den Demonstrator zu ermöglichen, müssen mehrere Kriterien erfüllt werden (u. a. Nachweis der Fertigbarkeit). Dies wurde erreicht. Zudem wurde auf der Grundlage des in Kap. 4 beschriebenen Konzepts eine finale Konstruktion des Bodenmoduls erstellt, welche die spezifischen Anforderungen der Einzeltechnologien berücksichtigt. Der nächste Schritt war der Bau des Demonstrators.

Darüber hinaus wurden große Anstrengungen unternommen, das Thema Sensorintegration weiterzutreiben. Ziel ist, Sensoren in CFK-Bauteile zu integrieren und diese kabellos mit Energie zu versorgen und ebenfalls kabellos deren Daten auszulesen. Als „Technologieträger" wurde die Laderaummulde gewählt, die sich geometrisch an den Heckboden anschließt. Sie ist in Abschn. 5.6 als „Multifunktionsmulde" kurz beschrieben. Damit wird im Projekt LeiFu ein zusätzlicher Demonstrator zur Verfügung stehen, der der wachsenden Bedeutung des Themas Sensorintegration gerecht wird.

D. Michaelis (✉)
Institut für Flugzeugbau (IFB), Universität Stuttgart, Stuttgart, Deutschland
E-Mail: info@ifb.uni-stuttgart.de

© Springer-Verlag GmbH Deutschland, ein Teil von Springer Nature 2020
M. Hoßfeld und C. Ackermann (Hrsg.), *Leichtbau durch Funktionsintegration*,
ARENA2036, https://doi.org/10.1007/978-3-662-59823-8_6

6.1.1 Gesamtkonstruktion

Das Konzept aus Kap. 4 wurde im weiteren Projektverlauf weiterentwickelt und finalisiert. Zum einen wurden Inputs zur Integration der verschiedenen Funktionen eingearbeitet, zum anderen fertigungstechnische Aspekte berücksichtigt. Des Weiteren flossen die Ergebnisse von Crash- und NVH-Simulationen ein.

Die endgültige Version des Konzepts berücksichtigt all dies und ist die Grundlage für den Demonstrator, welcher zur messetauglichen Präsentation des Konzepts und der Technologien dient. Minimale Abweichungen liegen zwischen der Konzept- und der Demonstratorkonstruktion vor. Diese sind mit dem begrenzten Budget (Zeit, Personal, Sachmittel) begründet bzw. ermöglichen erst eine wirksame Darstellung von Technologien (z. B. dem PU-Schaumkern). Das Konzept wurde lediglich in Details modifiziert; die Gestalt der Konzeptkonstruktion bleibt erhalten.

Der Demonstrator besteht aus drei Baugruppen: Hauptbodenmodul, Heckbodenmodul und Multifunktions-Mulde. Abb. 6.1 zeigt eine Darstellung der Baugruppen Haupt- und Heckboden. In allen Einzelkomponenten wurden zusätzliche Funktionalitäten integriert. Teilweise wurden diese als Konzept untersucht und teilweise wurden diese auch im Demonstrator voll funktional implementiert.

6.1.2 Hauptbodenmodul

Die Baugruppe „Hauptbodenmodul" besteht aus den folgenden Einzelbauteilen mit den jeweils angegebenen, integrierten Funktionen:

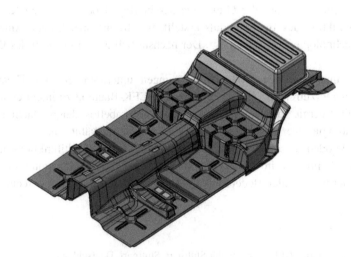

Abb. 6.1 Die beiden Baugruppen „Hauptboden" und „Heckboden" des Demonstrators; dargestellt in zusammengefügter Konfiguration

- **Unterschale:** Masseleitung/EMV-Abschirmung, induktive Ladeeinheit, Fügeelemente (Inserts), Kontaktierung der induktiven Ladeeinheit
- **Schaumkern:** Thermische Isolation, Unterbringung von Lüftungskanälen und Inserts, Verbesserung der NVH-Eigenschaften
- **Oberschale:** Heizfunktion, Temperatursensorik, integrierte vordere Sitzquerträger
- **Sitzquerträger hinten (links/rechts):** Crashelemente zur Aufnahme von kinetischer Energie beim seitlichen Aufprall
- **Lüftungskanäle (links/rechts):** Kombination von Versteifungselementen mit Lüftungsführung
- **Tunnelbrücken:** Verwendung von geflochtenen Fasern mit modifizierter Oberfläche
- **Rücksitzbank:** Integration einer flexiblen Tankblase

Abb. 6.2, 6.3 und 6.4 zeigen die Position des Schaumkerns, der Lüftungskanäle und der Tunnelbrücken.

6.1.3   Heckbodenmodul

Die Baugruppe „Heckbodenmodul" besteht aus den folgenden Einzelbauteilen mit den jeweils angegebenen, integrierten Funktionen:

- **Unterschale:** Lastpfadgerechte Faserverstärkung mit ORW-Geweben, Fügeelemente (Inserts)
- **Oberschale:** Lastpfadgerechte Faserverstärkung mit ORW-Geweben, Fügeelemente (Inserts)

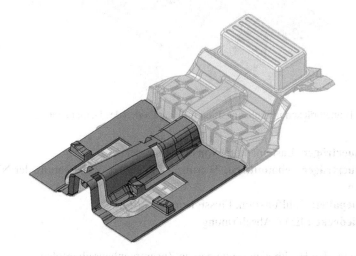

Abb. 6.2 Der Schaumkern im Hauptboden (in Einbauposition)

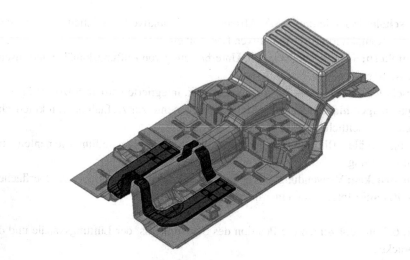

Abb. 6.3 Lüftungskanäle in Einbauposition im Hauptboden des Demonstrators

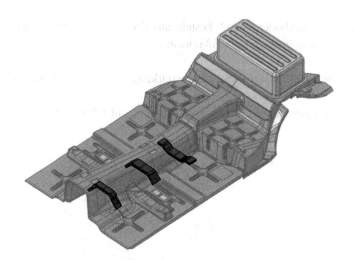

Abb. 6.4 Tunnelbrücken in Einbauposition im Hauptboden des Demonstrators

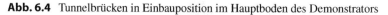

- **Heckquerträger:** Lasteinleitung von der Hinterachse
- **Heckquerträger-Schaumkern:** Thermische Isolation, Verbesserung der NVH-Eigenschaften
- **Batteriepaket:** Kühlfunktion, Flüssigkeitssensorik
- **Batteriedeckel:** EMV-Abschirmung

Abb. 6.5 zeigt den Heckboden sowie dessen Zusammenbaureihenfolge.

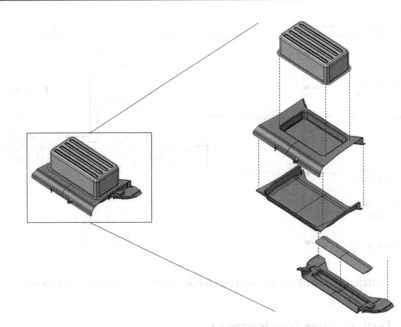

Abb. 6.5 Heckboden und Zusammenbauzeichnung von Batteriedeckel, Heckboden-Oberschale, Heckboden-Unterschale, Heckquerträger-Schaumkern und Heckquerträger

6.1.4 Multifunktions-Mulde

Die Multifunktion-Mulde ist als eigenständiges Bauteil zu betrachten, welches nicht an den Demonstrator Heckbodenmodul angebunden wird. Als Serienbauteil aus CFK-Sandwich-Verbund diente es im Rahmen des Projekts LeiFu zur Validierung der Funktionsintegration im Rahmen seriennaher Fertigungsprozesse. Das Bauteil selbst und insbesondere die Arbeiten zur Sensorintegration werden in Abschn. 7.6 ausführlich beschrieben

6.2 Aufbau Demonstrator

Daniel Michaelis

Im Folgenden wird der Aufbau des Demonstrators vorgestellt. Hierbei folgt die Darstellung der logischen Fertigungs- und Montagereihenfolge der Arbeitsschritte. In Abb. 6.6 wird dies schematisch gezeigt.

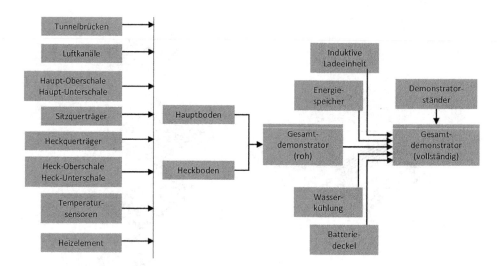

Abb. 6.6 Fertigungs- und Montagereihenfolge für den Aufbau des LeiFu-Demonstrators

6.2.1 Fertigung der Komponenten

Die drei **Tunnelbrücken** entstehen durch das Umflechten eines gefrästen Schaumkerns mit 24k-Rovings an einer Radialflechtmaschine des Typs 1/64-100 der Fa. August Herzog Maschinenfabrik GmbH & Co. KG. In diesen Schaumkern sind zwei Stellen jeweils mit „Dickharz" verstärkt, um später eine Durchsteckschraube zu platzieren. Ein Schaumkern könnte die Andrückkräfte einer Verschraubung nicht aufnehmen, da er nachgeben würde, wodurch sich die Verschraubung löst. Nach dem Flechtvorgang werden die Carbonfasern mit Epoxidharz im VAP-Verfahren (Vacuum Assisted Process) infiltriert. In einem letzten Schritt werden die Bauteile besäumt, die Enden auf Maß abgelängt und die Bohrung für die Verschraubung gesetzt. Das Resultat ist in Abb. 6.7 zu sehen. Um die Tunnelbrücken zu befestigen, werden Inserts als Verschraubpunkte in den Schaumkern des Hauptbodens integriert.

Zwischenfazit – Tunnelbrücken: Das Konzept ist umsetzbar, wenngleich die Schwierigkeit in der Instabilität der Schaumkerne während des Flechtprozesses liegt. Der PU-Schaum kann durch die überlagerten Zugkräfte und Rotationsmomente brechen. Als Lösung kann z. B. ein Schaum mit größerer Festigkeit gewählt, die Schaumkerngeometrie angepasst werden oder der Schaumkern mit Carbonfasern verstärkt werden.

Das Fertigungskonzept der **Luftkanäle** ist wie folgt: ein innenliegender „Liner" wird im FDM-Verfahren (Filament Deposition Method) additiv gefertigt. Dies geschieht auf einer FORTUS 450mc der Fa. Stratasys Ltd. im ARENA2036-Gebäude. Dieser Liner wird zunächst als Flechtkern genutzt, um die 24k-Carbonrovings mithilfe einer 1/64-100 in die gewünschte Geometrie zu bringen. Nach der anschließenden Infiltration im VAP-Verfahren werden die obenliegenden Öffnungen des entsprechenden Luftkanals

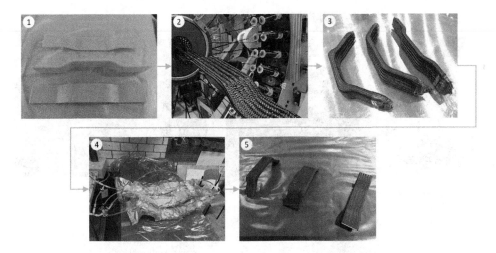

Abb. 6.7 Fertigstellung der Tunnelbrücken. **1** Schaumkerne werden gefräst, **2+3** Schaumkerne werden überflochten, **4** Infiltration der Carbonfasergeflechte im VAP-Verfahren, **5** Besäumung

hineingesägt und an den Enden überschüssiges CFK-Material entfernt. Die im additiven Prozess eingebrachte Stützstruktur wird abschließend in einem Laugenbad ausgewaschen. So entsteht eine Hohlstruktur, die an den Enden geschlossen ist (im Gegensatz zu den Tunnelbrücken), siehe Abb. 6.8.

Zwischenfazit – Luftkanäle: Das Konzept erlaubt eine große Designfreiheit, auch im Inneren der Luftkanäle. So könnte die interne Strömung optimiert werden. Außerdem ist es möglich, die Bauteilenden, die bei Geflechtbauteilen in der Regel offen bleiben, geschlossen zu halten (siehe Tunnelbrücken). Bei größeren Bauteillängen wie dem Doppelkanal werden die Bauraumgrenzen des verwendeten Filament-3D-Druckers Fortus 450mc der Firma stratasys Ltd überschritten ($406 \times 355 \times 406$ mm), sodass Abschnitte separat gefertigt und anschließend geklebt werden müssen. Eine weitere Schwierigkeit sind die Kompaktierungskräfte bei der Infiltration, welche einen hohlen Kunststoffkörper schnell zerdrücken und somit zerstören. Um dem entgegenzuwirken, werden Stützen aus Vollmaterial (ABS) vorgesehen und auch das auswaschbare Stützmaterial wird so angeordnet, dass es den Innenraum ausfüllt. So wird gewährleistet, dass der Liner den Kräften im Fertigungsprozess widersteht.

Die **Sitzquerträger**, die **Hauptboden-Oberschale**, die **Hauptboden-Unterschale**, die **Rücksitzbank**, der **Heckquerträger**, die **Heckboden-Oberschale** und die **Heckboden-Unterschale** werden sehr ähnlich gefertigt. Zunächst werden die benötigten Lagen (Carbonfaser-Gewebe, Glas-Gewebe und ORW-Gewebe) in die entsprechenden Ureol-Formen drapiert und anschließend im VAP-Verfahren infiltriert. Es ist dabei auf eine sehr präzise Ablage des Fasermaterials zu achten, damit in den konkaven Kanten keine Fehlstellen entstehen. Abhilfe kann hierbei das Fixieren der Lagen mit geeignetem Sprühkleber leisten. Zusätzlich eignen sich angepasste Silikonandrückstempel, um das

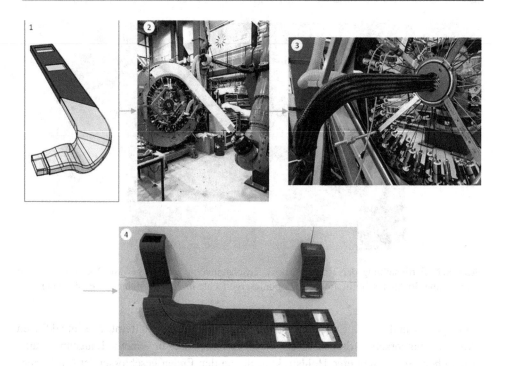

Abb. 6.8 Fertigungsschritte der Luftkanäle. **1** Konzept im CAD, **2+3** Flechtprozess, **4** Luftkanäle nach Besäumung und Auswaschung der internen Stützstrukturen

Fasermaterial in geometrisch komplexen Bereichen zu fixieren. Um diese Stempel zu gießen, wird die Wanddicke des Bauteils mit Wachsplatten nachgebaut, d. h. direkt auf die Ureolform geformt, siehe Abb. 6.9.

In diese Wachsformen wird das Silikon gegossen, um die Stempel zu erhalten (siehe Abb. 6.10). Die wichtigsten Arbeitsschritte bei der Fertigung werden anhand der Hauptboden-Oberschale, der Rücksitzbank sowie der Heckboden-Unterschale beispielhaft dargestellt. Die ORW-Gewebe werden an einer Open-Reed-Weave PTS 2/SOD der Firma Lindauer DORNIER GmbH angefertigt (Abb. 6.11 und 6.12).

Zwischenfazit – Fertigung der CFK-Elemente: Die gewählten Fertigungsmethoden sind größtenteils bewährt und wurden zum Teil für große und komplexe Geometrien angepasst. So ist die Verwendung von Sprühkleber beim Drapieren und die Nutzung von Andrückstempeln den spezifischen Herausforderungen geschuldet. Die Bauteile weisen eine gute Qualität mit sehr wenigen oberflächlichen Fehlstellen auf.

Das **Heizelement** wird mittels Siebdruck hergestellt: eine dünne Silberschicht wird so auf ein Glasgewebe gebracht. Danach wird eine Kupferfolie aufgebracht, welche mit der Heizfläche kontaktiert wird, um die benötigte Leistung einzubringen. Zur Isolierung nach außen werden mehrere reine Glaslagen zu beiden Seiten positioniert. All diese Gewebelagen werden in einem vorherigen Arbeitsschritt zu einer festen, abgedichteten

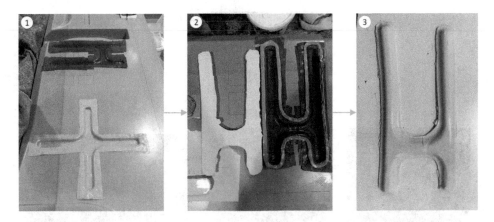

Abb. 6.9 Fertigung von Silikonandrückstempeln für die Oberschale, um eine exaktere Drapierung an lokal komplexen Stellen zu gewährleisten. **1** Abformung der kritischen komplexen Geometrieabschnitte mit Wachsfolie, **2** Vergleich Andrückstempel mit Gussform aus Wachs nach dem Entformen, **3** Ansicht der Formzugewandten Seite eines Andrückstempels

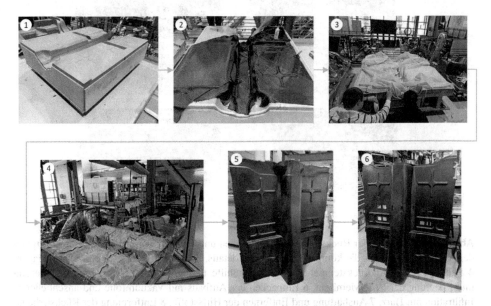

Abb. 6.10 Fertigung der Hauptboden-Oberschale. Die wichtigsten Arbeitsschritte sind: **1** Ureol-Form vorbereiten, **2** Drapieren des Verstärkungsfasergewebes, **3** Vorbereitung der Hilfsstoffe (harzdurchlässige Membran, luftdichte Vakuumfolie etc.), **4** Infiltration im VARI-Verfahren, **5** Entformung, **6** Besäumung

Platte infiltriert und ausgehärtet. Dieses Faserverbundelement verfügt über Anschlusskabel für die Einbringung der benötigten elektrischen Leistung und Sensorkabel für die integrierten Temperatursensoren, siehe Abb. 6.13.

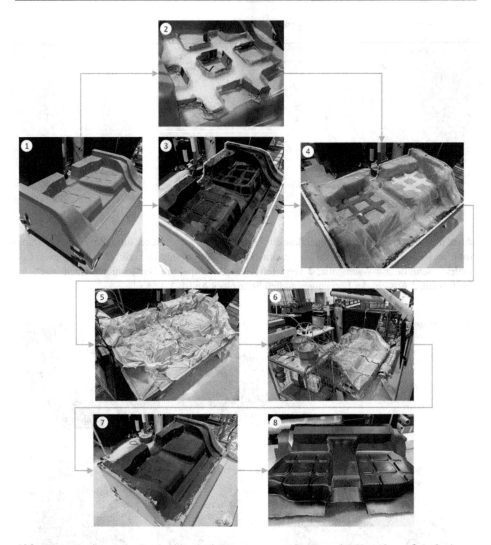

Abb. 6.11 Fertigung der Rücksitzbank. **1** Eintrennen und Polieren der Ureolform, **2** Anfertigung der Andrückstempel für die komplexen Geometriedetails, **3** Drapierung der Carbon-Gewebelagen, **4** Platzierung der Andrückstempel zwischen Fließhilfe und VAP-Membran, **5** Konfektionierung und Fixierung der VAP-Membran, **6** Einpacken des Aufbaus mit Vakuumfolie und anschließende Infiltration mit Harz, **7** Aushärtung und Entfernen der Hilfsstoffe, **8** Entformung der Rücksitzbank. Abschließend findet die Besäumung statt

Zwischenfazit – Heizelement: Die größte Herausforderung liegt in der Kontaktierung des Heiztextils. Die hier vorgestellte Lösung stellt jedoch eine zuverlässige und potenziell serientaugliche Variante dar.

Abb. 6.12 Fertigung der Heckboden-Unterschale mit ORW-Geweben. **1** Herstellung des ORW-Gewebes an einer spezialisierten Webmaschine, **2** Infiltration im VAP-Verfahren, **3** Fertiges Bauteil nach Entformung und Besäumung. Die lokal verstärkenden ORW-Fäden sind zum Teil hervorgehoben sind

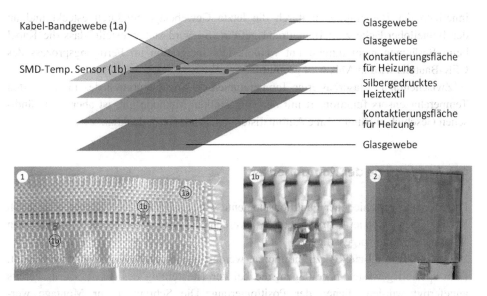

Abb. 6.13 Fertigung des Heizelements. Oben: schematischer Aufbau, unten: Ansichten der realen Komponenten. **1** das Kabelbandgewebe mit SMD-Temperatursensoren, **1b** Detailaufnahme des Sensors, **2** fertiggestelltes Heizelement aus Heiztextil und Sensoren

In die Hauptboden-Oberschale wird ein **faserbasierter Temperatursensor** integriert, der unterhalb des Heizelements in der Struktur liegt. Der Sensor ist über isolierte Kupferkabel, die nach außen geführt werden, angeschlossen. Die Kupferkabel werden

Abb. 6.14 Platzierung des Faser-Temperatursensors in der Haupt-Oberschale. Auf der rechten Seite ist die Stelle zu erkennen, an welcher der Temperatursensor vertikal positioniert ist. Die restliche Länge ist das isolierte Kupferkabel, das zum Schutz vor dem Infiltrationsharz in einem Foliensack eingepackt ist

innerhalb der Bauteilgrenzen durch die letzte Gewebelage hindurchgesteckt und an der Bauteiloberfläche zum Bauteilrand geführt. So wird sichergestellt, dass die Kabel beim Besäumen nicht durchtrennt werden. Die Integration im Fertigungsprozess des CFK-Bauteils wird in Abb. 6.14 gezeigt.

Zwischenfazit – faserbasierter Temperatursensor: Die Integration des faserbasierten Temperatursensors funktioniert mit der vorgestellten Methode gut, ist aber vom händischen Geschick abhängig. Eine Automatisierung ist schwierig denkbar.

6.2.2 Montage der Komponenten

Die Montage verschiedener Funktionselemente wird entweder durch Kleben oder durch Verschrauben realisiert. Im Folgenden werden die ausgewählten und umgesetzten Montagekonzepte vorgestellt.

Um die **Tunnelbrücken** zu montieren, werden Inserts mit Innengewinde verwendet. Acht speziell gefräste Vertiefungen, die bei der Herstellung des Schaumkerns bereits angefertigt wurden, dienen der Positionierung. Die Schrauben zur Montage werden durch zuvor gesetzte Durchgangsbohrungen in den Tunnelbrücken positioniert. Diese verlaufen durch die „Dickharz"-Bereiche in den Schaumkernen der Tunnelbrücken, damit die Andrückkräfte der Schauben besser aufgenommen werden. Ein reiner PU-Schaum kann bei dauerhafter Fixierung nachgeben, sodass sich die Vorspannung der Schrauben löst (Abb. 6.15 und Abb. 6.16).

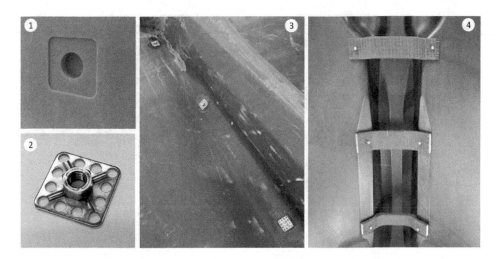

Abb. 6.15 Montageschritte für die Tunnelbrücken. **1** Ansicht der Aussparungen im Schaumkern für die **2** Inserts. **3** Fixierung der Inserts in der Unterschale. Die Positionierung wird mittels der Aussparungen durchgeführt. Außerdem werden die Löcher für die Verschraubung gebohrt. **4** Montierte Tunnelbrücken am fertigen Modenmodul

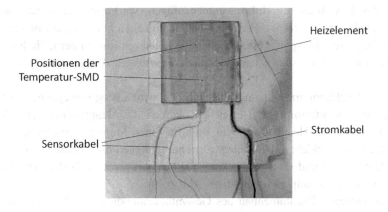

Abb. 6.16 Montage des Heizelements

Um die **Luftkanäle** zu integrieren, werden die vorgesehenen Aussparungen genutzt. Dort werden sie passgenau platziert und beim Zusammenkleben der Ober- und Unterschale des Hauptbodens mit dem Schaumkern fixiert. Siehe hierzu auch eine Aufnahme in Abb. 6.17.

Um das **Heizelement** zu integrieren, wird eine angepasste Vertiefung in den Schaumkern gefräst. Dort wird es verklebt und die Kabel (für die Energieübertragung sowie das Temperatursignal) über Nuten herausgeführt.

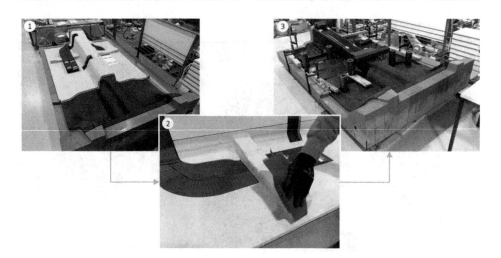

Abb. 6.17 Montageschritte des Hauptbodenmoduls (ohne Rücksitzbank). **1** Probeweise Positionierung aller Komponenten, **2** Nachbearbeitung zur Sicherstellung der Passgenauigkeit, **3** Fixierung der Komponenten während der Aushärtung des Klebstoffs mit Schraubzwingen und Gewichten

Um das **Hauptbodenmodul** zusammenzufügen, wird zunächst sichergestellt, dass die Einzelteile passen. Kleine Fertigungsungenauigkeiten können dazu führen, dass die Teile nicht passen. Beispielsweise weichen die konkaven Radien der CFK-Bauteile vom Konstruktions-Soll ab, sodass nachträgliche Anpassungen des Schaumkerns notwendig werden.

Um das **Heckbodenmodul** zusammenzufügen, wird analog vorgegangen (Abb. 6.18)-

Um die **Gesamtmontage** zu erreichen, wurden das Hauptbodenmodul, die Rücksitzbank sowie das Heckbodenmodul mithilfe einer Montagevorrichtung zueinander positioniert und verklebt. Als Montagevorrichtung dienen die Laminierform der Hauptboden-Unterschale und eine Aufbockung für den fertigen Heckboden. Die Tunnelbrücken werden hierzu temporär demontiert (Abb. 6.19).

Zwischenfazit – Zusammenbau des Gesamtbodenmoduls: Die Montage des Bodenmoduls funktionierte gut und somit konnte das Montagekonzept validiert werden. Jedoch waren viele händische Korrekturschritte notwendig, die in einer Weiterentwicklung vermieden werden können.

Um die **induktive Ladeeinheit** zu montieren, wurden vier Inserts nachträglich in den Hauptboden-Schaumkern integriert. Diese liegen auf der gegenüberliegenden Seite des Schaumkerns, damit die senkrecht wirkenden Zuglasten nicht ausschließlich auf dem Schaum und der Unterschalenverklebung wirken (Abb. 6.20).

Um den **Energiespeicher** zu montieren, wurde zunächst ein Aluminiumrahmen angefertigt. In diesen wurden die einzelnen Batteriemodule eingesetzt, verschraubt und miteinander verschaltet. Zusätzlich wurden die Kühlmodule miteinander verbunden, um einen Durchfluss des Kühlmediums zu ermöglichen. Die Fertigung eines Batteriemoduls

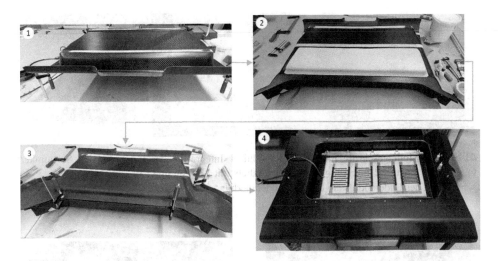

Abb. 6.18 Montageschritte des Heckbodenmoduls. **1** Verklebung von Ober- und Unterschale des Heckbodens, **2** Positionierung des Schaumkerns im Heckquerträger, **3** Verklebung des Heckquerträgers auf der Heck-Unterschale, **4** Fertiges Heckbodenmodul mit Inserts, Wasseranschlüssen und vier Feuchtigkeitssensoren in der Batteriemulde

Abb. 6.19 Positionierung der Komponenten Hauptbodenmodul, Rücksitzbank und Heckbodenmodul für die Gesamtmontage. Als Montagehilfe dient die Form für die Hauptboden-Unterschale

wird in Abb. 6.21 dargestellt und der Zusammenbau des Energiespeichers mit Rahmengestell in Abb. 6.22.

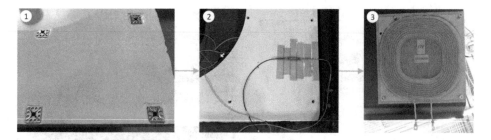

Abb. 6.20 Montageschritte für das Lademodul. **1** Integration der Inserts in den Schaumkern (auf der Oberseite), **2** Integration des Sensorkabels mit Ladesammler in den Schaumkern, **3** Verschraubung des Lademoduls am fertigen Bodenmodul

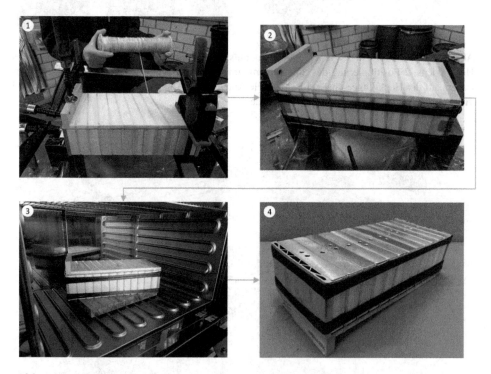

Abb. 6.21 Fertigungsschritte eines Batteriemoduls. **1** Längswicklung mit harzgetränkten Glasfaserrovings, um das Kühlmodul zu fixieren, **2** fertige Umwicklung mit vorimprägnierten Carbonfaserrovings zur Unterbindung einer Längsausdehnung, **3** Temperierung im Ofen zur finalen Aushärtung des Epoxids, **4** fertiggestelltes Batteriemodul

Abschließend wurde der **Batteriedeckel** zur Einhausung des Energiespeichers im Heckboden montiert. Dieser wurde mittels in der Heckboden-Oberschale verklebten Inserts verschraubt.

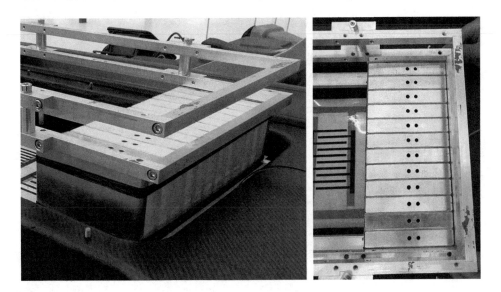

Abb. 6.22 Fertigungs- und Montageschritte des Energiespeichers

Als Interimsfazit kann an dieser Stelle festgehalten werden, dass das avisierte Konzept basierend auf der erfolgreichen Montage der Anbauteile am Gesamtbodenmodul bestätigt werden konnte.

Funktionale Tests am Demonstrator 7

Klaus Fürderer, Maximilian Hardt und Peter Middendorf

Zur Validierung der integrierten Funktionen wurden funktionale Tests an Komponenten des LeiFu-Unterbodens durchgeführt. Hierbei wurden exemplarisch das Crashverhalten, das NVH-Verhalten, die thermische Isolation bzw. Abstrahlung sowie integrierte elektrische als auch sensorische Funktionen experimentell validiert. Des Weiteren erfolgt in Kap. 8 die Analyse und Bewertung der Herstellungskosten des LeiFu-Bodenmoduls, anhand einer seriennahen Prozesskette.

7.1 Crashverhalten am Beispiel der Multifunktionsmulde

Verena Diermann und Klaus Fürderer

Im Rahmen des Projektes wurde ein Fahrzeugboden ausgelegt, der aus Leichtbau-Materialien hergestellt werden sollte. Die Auslegung des Bodens wurde größtenteils simulativ durchgeführt, da für das verwendete Material bereits daimlereigene Materialdaten, die für die Simulation wichtig sind, vorlagen. Um diese Materialdaten weiter zu validieren, wurden daher im Rahmen des LeiFu-Projektes Crashversuche an Multifunktionsmulden aus CFK im Fallturm bei Daimler in Ulm durchgeführt. Die Multifunktionsmulden wurden ausgewählt, da für die Mulden bereits ein Fertigungswerkzeug für den RTM-Prozess bei Daimler existiert und somit Kosten gespart werden konnten.

K. Fürderer (✉) · M. Hardt
Daimler AG, Böblingen, Deutschland
E-Mail: Klaus.fuerderer@daimler.com

P. Middendorf
Institut für Flugzeugbau (IFB), Universität Stuttgart, Stuttgart, Deutschland

© Springer-Verlag GmbH Deutschland, ein Teil von Springer Nature 2020
M. Hoßfeld und C. Ackermann (Hrsg.), *Leichtbau durch Funktionsintegration*,
ARENA2036, https://doi.org/10.1007/978-3-662-59823-8_7

7.1.1 Simulation

Für die Simulation der Multifunktionsmulden mussten zunächst die CAD-Daten auf-
bereitet werden. Grund hierfür ist, dass man gewisse Qualitätskriterien für die Güte der
Vernetzung im Finite-Elemente-Modell gewährleisten muss, um sicher zu stellen, dass
die Ergebnisse der Simulation nicht durch numerische Effekte beeinträchtigt werden.
Beispielsweise werden kleine Löcher geschlossen und Unebenheiten beseitigt, die keinen nennenswerten Einfluss auf das mechanische Verhalten des Bauteils haben, da sie
mit einer minimalen Elementgröße im FE-Netz nicht abbildbar sind (siehe Abb. 7.1). Im
konkreten Fall wird die Radmulde mit 5 mm diskretisiert, da die Materialkarte nur für
5 mm Elementlänge validiert ist.

Nach dem Aufbereiten der CAD-Daten wurde die Mulde diskretisiert. Durch die
Diskretisierung wird das Bauteil in einzelne Bereiche unterteilt, deren mechanische
Reaktion berechenbar ist (vgl. Abb. 7.2). Für die Vernetzung des Bauteils wird eine
Kantenlänge eines Elements von 5 mm gewählt, da die Materialdaten auf diese Größe
der Elemente validiert sind.

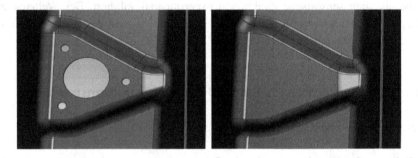

Abb. 7.1 Bearbeitung der CAD-Geometrie

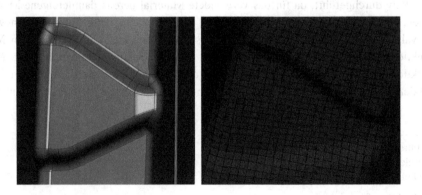

Abb. 7.2 Diskretisierung des Bauteils

Neben der Aufbereitung der Geometrie müssen auch die Randbedingungen wie Material, Lagerung des Bauteils etc. mit in das numerische Modell aufgenommen werden. Die Lagerung der Mulde erfolgt über Anschläge, sodass sich die Mulde in der XY-Ebene nicht verschieben kann. Die XY-Ebene ist hierbei die Ebene der Bodenplatte und die z-Richtung die Richtung der Höhe. Die Lagerungen im Prüfstand werden entsprechend in das CAE-Modell übernommen (vgl. Abb. 7.3). Als Belastung des Bauteils wurde ein runder Impactor mit einem Durchmesser von 254 mm festgelegt. Modelliert wird dieser als nicht verformbarer Starrkörper, da die geringen Verformungen des Impactors, der aus Stahl gefertigt ist, einen vergleichsweise kleinen Einfluss auf die Ergebnisse der Simulation haben. Für den LSC-Versuch wird der Impactor mit einer Geschwindigkeit von 100 mm/min über einen Weg von 100 mm in das Bauteil „gedrückt".

Für das Material der CFK-Multifunktionsmulde wird eine daimlereigene Materialkarte verwendet. Für den Impactor und die Lagerungen werden die Werkstoffkennwerte von Stahl vergeben, da diese aus Stahl sind.

Für die Fallturmversuche wurde vor den Versuchen die maximale Energie berechnet, die die Multifunktionsmulde aufnehmen kann. Es wurde die gleiche Lagerung wie für den LSC-Versuch verwendet, während die Randbedingung des Impactors sich geändert hat. Diesem wird jetzt nicht mehr eine Geschwindigkeit vorgegeben, mit dem er in das Bauteil „gedrückt" wird. Da es sich um dynamische Versuche handelt, wird dem Impactor jetzt eine über die Versuchsenergie berechnete Anfangsgeschwindigkeit vorgegeben.

Für die Simulation ist es wichtig richtige Kontakte zu vergeben, damit eine möglichst realitätsnahe resultierende Kontaktkraft berechnet werden kann. Die auftretenden Kontaktkräfte werden aus den Materialeigenschaften der in Kontakt tretenden Körper berechnet.

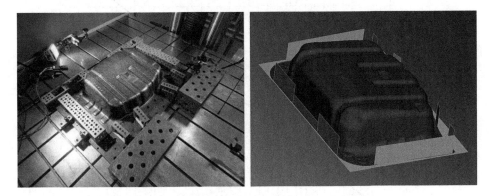

Abb. 7.3 Lagerung der Mulde im Prüfstand (links) und Lagerungen im CAE-Modell (rechts)

7.1.2 Low-Speed-Crash-Versuche (LSC-Versuche)

Ziel eines LSC-Versuches ist es das Verhalten eines Bauteils für einen quasistatischen Belastungsfall zu ermitteln. Somit wird der Impactor mit einer sehr langsamen Geschwindigkeit in das Bauteil „gedrückt". Im in diesem Projekt durchgeführten Versuch war die Randbedingung, dass der Impactor mit einer Geschwindigkeit von 100 mm/min in das Bauteil gedrückt wird. Das Diagramm für den Weg des Impactors ist in Abb. 7.4 dargestellt.

Die Multifunktionsmulde wurde wie weiter oben beschrieben gelagert (vgl. Abb. 8.3). Für die Crashsimulation ist vor allem die aufgenommene Energie der Multifunktionsmulde von Bedeutung. Grund hierfür ist, dass die kinetische Energie des Fahrzeuges aufgenommen und abgebaut werden muss, um die Insassen zu schützen. In Abb. 7.5 sind exemplarische Fotos des LSC-Versuches dargestellt. Die Abbildung zeigt den Start des Versuches und das Ende, d. h. wenn der Impactor vollständig in das Bauteil eingedrungen ist.

7.1.3 Abgleich Ergebnisse LSC-Versuche zu Simulation

Nach der Durchführung des Versuches ergibt sich für die aufgenommene Energie der Multifunktionsmulde der in Abb. 7.6 dargestellte Verlauf im Vergleich zur Simulation.

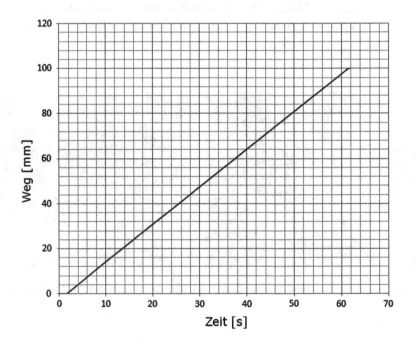

Abb. 7.4 Weg-Zeit-Diagramm des Impactors

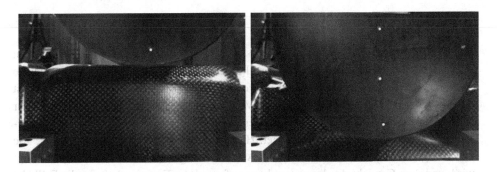

Abb. 7.5 Eindringen des Impactors im LSC-Versuch vor Eindringen des Impactors (links) und nach Eindringen des Impactors (rechts)

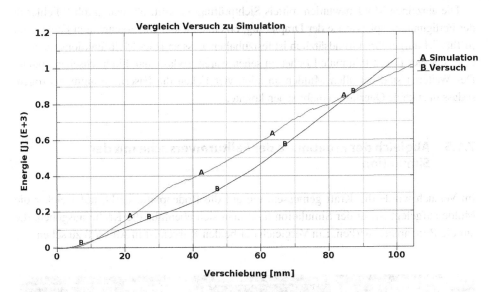

Abb. 7.6 Vergleich der Energie des LSC-Versuches im Versuch und der Simulation

Die Verläufe der Energiekurven sind sich ähnlich, aber nicht genau passend. Dies erscheint auf den ersten Blick nicht sofort offensichtlich, jedoch hat dies mit der Skalierung zu tun. Was jedoch positiv zu bewerten ist, dass die Endenergie der Kurven relativ gering voneinander abweichen. Am Endzeitpunkt des Versuchs, nach 100 mm Verschiebung, weichen die Beträge der aufgenommenen Energie gerade einmal um 5 % voneinander ab. Die Abweichungen der Kurven lassen sich dadurch erklären, dass in der Simulation nicht hundertprozentig alle Materialeigenschaften abgebildete werden können, beispielsweise das Delaminationsverhalten. Des Weiteren werden auch keine Fertigungs- bzw. Materialtoleranzen mit in das Modell aufgenommen. Dies führt zu einem lokal unterschiedlichen Versagensverhalten, jedoch besteht eine hinreichende Übereinstimmung im globalen Versagensverhalten (aufgenommene Energie).

7.1.4 Fallturmversuche

Das Prinzip eines Fallturmversuches ist es, den Impactor mit einer vorher definierten Energie auf das Bauteil fallen zu lassen. Für die Fallturmversuche wurde die gleiche Lagerung wie in den LSC-Versuchen verwendet. Der Aufbau des Fallturmversuches ist in Abb. 7.7 dargestellt. Nachdem im LSC-Versuch die quasistatischen Eigenschaften der Mulde getestet wurden, wurden anschließend mithilfe der Fallturmversuch die dynamischen Eigenschaften der Mulde getestet. Hierfür wurde vorab simulativ bestimmt, wie viel Energie die Mulde aufnehmen kann. Aus der Energie, die für den Versuch benötigt wird, und dem Gewicht des Impactors kann aufgrund der Energieerhaltung die Fallhöhe berechnet werden. Ziel ist es natürlich auch, dass der Impactor die Mulde nicht vollständig zerschlägt.

Die einzelnen Mulden wurden mittels Sichtprüfung geprüft, ob man „grobe" Fehler in der Fertigung, beispielsweise der Drapierung, erkennen kann. Die erkennbaren Fehler sind in Tab. 7.1 aufgeführt. Grundsätzlich ist festzuhalten, dass an jeder Multifunktionsmulde an einer der vier Ecken minimale Löcher zu sehen waren, sodass man hindurchsehen konnte. Des Weiteren sind bei allen Mulden an allen vier Ecken die Fasern zusammengezogen, sodass man keine Querfasern mehr sehen konnte.

7.1.5 Abgleich der Ergebnisse der Fallturmversuche mit der Simulation

Im Versuch wurde die Kraft gemessen, die auf die Bodenplatte wirkt, auf welcher die Mulde aufgelegt ist. In der Simulation lässt man sich ebenfalls die Kräfte ausgeben, die auf die Bodenplatte wirken. Ein Vergleich der beiden Kurven ist in Abb. 7.8 zu sehen.

Abb. 7.7 Versuchsaufbau der Fallturmversuche (links) und Impactor im Bauteil (rechts)

Tab. 7.1 Fehlstellen der fünf geprüften Mulden

Nummer Multifunktionsmulde	Fehlerbeschreibung
1	Drei der vier Ecken mit minimalen Löchern An der Längsseite mit Rundung sind die Fasern schief
2	Zwei von vier Ecken mit minimalen Löchern An der Längsseite mit Rundung ziehen sich in der Mitte des Bauteils die Fasern auseinander
3	Eine Ecke mit minimalen Löchern An der Längsseite mit Rundung ziehen sich in der Mitte des Bauteils die Fasern auseinander
4	Eine Ecke mit minimalen Löchern
5	Eine Ecke mit minimalen Löchern An der Längsseite mit Rundung ziehen sich in der Mitte des Bauteils die Fasern auseinander

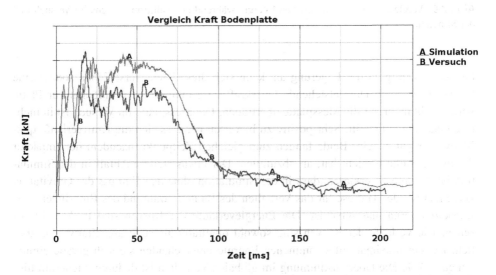

Abb. 7.8 Vergleich des Kraftverlaufs während des Fallturmversuchs im Versuch und der Simulation

Wie bereits oben erwähnt, kann nicht alles in das numerische Modell aufgenommen werden. Daher kann man davon ausgehen, dass das numerische Modell ein geringfügig optimistischeres Verhalten liefert. Dies zeigt sich daran, dass der Kraftverlauf im Versuch etwas geringer ausfällt, als bei der Simulation. Die Kraft im Versuch fällt geringer aus, da die Multifunktionsmulde früher versagt und somit nicht mehr so viel auf die Bodenplatte übertragen wird. Das erste Absinken des Kraftverlaufes im Versuch kann durch die Lagerung erklärt werden. Liegt die Multifunktionsmulde nicht

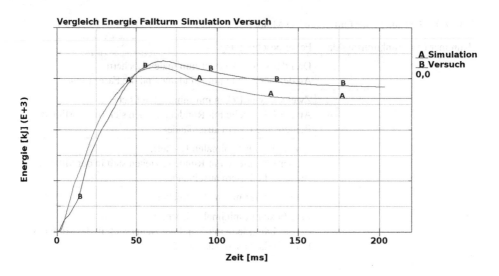

Abb. 7.9 Vergleich der aufgenommenen Energie während des Fallturmversuchs im Versuch und der Simulation

hundertprozentig an der Lagerung an, kann sich diese leicht verschieben sodass eine Querkraft entsteht. Die entstehende Querkraft wird nun, da sie orthogonal zur Platte wirkt, nicht mehr auf die Messplatte übertragen. Die Messplatte im Versuch ist in mehrere Quadrate aufgeteilt. Sehr positiv zu bewerten ist, dass sich die Kraftverläufe qualitativ sehr gut ähneln. Beide fangen zum gleichen Zeitpunkt, nachdem der Impactor die tiefste Stelle erreicht hat, an abzufallen. Der etwas steilere Abfall in der Simulation ist dadurch zu erklären, dass in der Simulation ohne den Einfluss der Gravitation gerechnet wurde, da diese für das Verhalten des Bauteils während des Eindringens des Impactors vernachlässigbar ist. Die Energieverläufe der Kurven sind in Abb. 7.9 zu sehen. Die Verläufe der Kurven sind sowohl qualitativ als auch quantitativ sehr ähnlich. Bei der maximal aufgenommenen Energie unterscheiden sie sich gerade einmal um ca. 3,5 %. Die Übereinstimmung im globalen Verhalten ist dadurch wiederum hinreichend. Die Diskrepanz nach dem Maximalwert der Kurven lässt sich auf die nicht betrachtete Gravitation in der Simulation zurückführen. In der Simulation federt daher der Impactor durch die restliche Elastizität der Multifunktionsmulde ohne Hinderung wieder nach oben. Dagegen wirkt im Versuch die Gravitation, sodass das Bauteil etwas mehr Verformungsenergie besitzt, da die Belastung etwas höher ist. Die Abweichung beträgt aber gerade einmal ca. 8,5 %, sodass man hier von einer hinreichenden Übereinstimmung ausgehen kann.

7.2   NVH-Verhalten an einem Ausschnitt des Hauptbodens

Annika Ackermann

Die hör- und spürbaren Schwingungen von Kraftfahrzeugen, die auch unter dem Begriff des NVH-Verhaltens der englischen Begriffe „Noise", „Vibration" und „Harshness" (deutsch: Geräusch, Vibration, Rauigkeit) zusammengefasst werden, sind wesentlicher Bestandteil der Bewertung der Fahrzeugqualität. Aus diesem Grund wurden von der Daimler AG mithilfe einer FE-Berechnung die auftretenden Teilflächenresonanzen des LeiFu-Bodenmoduls ermittelt (vgl. Kap. 4). Die Teilflächenresonanzen geben hierbei an, bei welcher Frequenz sich die erste Eigenfrequenz der jeweiligen Teilfläche ausbildet. Für ein möglichst schwingungsarmes Verhalten sollten die Teilflächenresonanzen bei möglichst hohen Frequenzen auftreten. Im Rahmen von LeiFu wurde eine Frequenz von >1200 Hz als Mindestanforderung für die Teilflächenresonanzen der jeweiligen Bereiche definiert.

Mit dem Ziel die Simulationsergebnisse experimentell zu verifizieren, wurde der in Abb. 7.10 dargestellte Ausschnitt des LeiFu-Hauptbodens bestehend aus Oberschale, Schaumkern und Unterschale ausgewählt, da dieser aufgrund seiner Nähe zum Fahrersitz als besonders kritisch für die Eignung hinsichtlich des NVH-Verhaltens einzustufen ist. Darüber hinaus handelt es sich hierbei um einen Bereich, der mit dem Ziel eines möglichst schwingungsarmen Verhaltens im Gegensatz zur initialen LeiFu-Konstruktion zusätzlich mit Versteifungssicken versehen wurde. Bedingt durch die unterschiedlichen Randbedingungen des Ausschnittes und des Gesamtbodens sind die experimentellen Ergebnisse nicht direkt übertragbar, aber lassen die allgemeinen Trends erkennen. Der

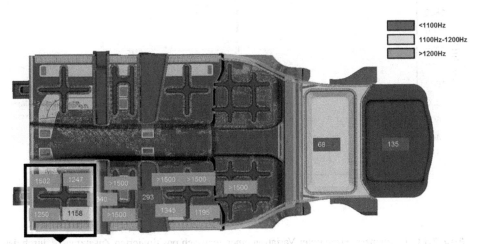

Abb. 7.10 Teilflächenresonanzen aus FE-Berechnungen und definierter Bereich für experimentelle NVH-Untersuchungen. (Quelle: Daimler AG)

Fokus der experimentellen Untersuchungen lag auf der Evaluation des Einflusses der Verstärkungsfasern, der Dicke des Sandwichkerns sowie des Versickungsgrads auf das Auftreten der ersten Eigenfrequenz. Zusätzlich wurde die Art der Anregung der Probekörper mittels Lautsprecher und elektrodynamischen Schwingungserreger (Exciter) miteinander verglichen. Durch den vergleichsweisen kleinen, einfachen und flächigen Aufbau der Proben können die experimentellen Untersuchungen an diesem Ausschnitt mit relativ geringem Fertigungsaufwand und monetären Mitteln realisiert werden.

Als Messaufbau für die Untersuchungen wurde ein Scanning-Laser-Doppler-Velocimeter am Institut für Kunststofftechnik der Universität Stuttgart verwendet, das eine Auswertung mithilfe einer Modalanalyse ermöglicht. Die Anregung erfolgte mittels eines vor den Proben positionierten Lautsprechers bzw. eines zentrisch auf einer Platte aufgeklebten Exciters durch ein „Chirp"-Signal. Der Verlauf dieses Signals entspricht einer Sinuskurve mit konstanter Amplitude, deren Frequenz im Zeitverlauf kontinuierlich steigt. Auf diese Weise können in einem Messzyklus alle Frequenzen des definierten Frequenzbandes ermittelt werden.

Bei einer Anregung durch einen Exciter wird, anders als bei einer Anregung durch einen Lautsprecher, keine Verstärkung des Anregungssignals benötigt. Allerdings führt die durch das Eigengewicht des Exciters hervorgerufene, zentrisch auf den Probeplatten positionierte Zusatzmasse von 170 g zu einer starken Änderung der Amplituden (vgl. Abb. 7.11). Eine Verschiebung der ersten Eigenfrequenz (23,5 Hz) findet nicht statt, jedoch verschiebt sich die zweite Eigenfrequenz von 35 Hz auf 29 Hz und einige

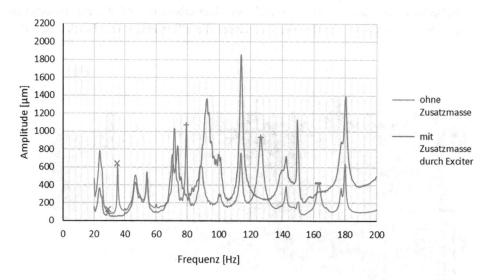

Abb. 7.11 Frequenzspektren unter Variation einer zentrisch positionierten Zusatzmasse durch das Eigengewicht des Exciters einer ebenen CFK-Platte mit LeiFu-Lagenaufbau und Anregung durch einen Lautsprecher

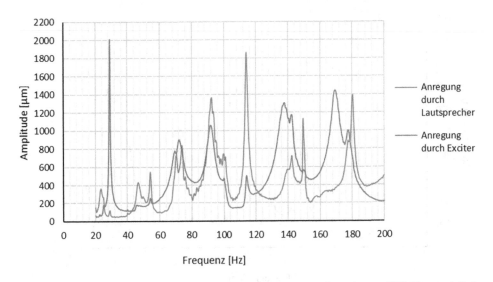

Abb. 7.12 Frequenzspektren unter Variation der Anregungsart einer ebenen CFK-Platte mit Lei-Fu-Lagenaufbau und konstanter, zentrisch positionierter Zusatzmasse

Eigenfrequenzen treten nicht mehr auf. Um eine Vergleichbarkeit der Messergebnisse dieser Messreihen zu gewährleisten, wurde die Probe in beiden Fällen mit einem Lautsprecher angeregt und in einer der beiden Messreihe mit einem zentrisch auf der Platte positionierten Exciter versehen.

Wird bei konstanter, zentrisch positionierter Zusatzmasse durch das Eigengewicht des Exciters die Anregungsart variiert (vgl. Abb. 7.12), so weist bei einer Anregung durch einen Exciter die erste Eigenfrequenz (29 Hz) eine deutliche Steigerung der Amplitude auf. Dies lässt sich darauf zurückführen, dass die erste Eigenmode ihre maximale Auslenkung an der Stelle aufweist, an der der Exciter positioniert ist und somit durch die Exciteranregung noch weiter verstärkt wird. Darüber hinaus werden die Eigenfrequenzbänder mit steigender Frequenz breiter. Im Gegensatz dazu ermöglicht der Lautsprecher eine rückwirkungsfreie Anregung der Proben. Allerdings reicht bei einer Lautsprecheranregung der Energieeintrag nicht aus, um verwertbare Messungen der Sandwichproben zu erlangen. Bedingt durch die deutlich stärker ausgeprägte Energieübertragung ist die Anregung der Sandwichproben mithilfe eines Exciters möglich, auch wenn dieser keine rückwirkungsfreie Anregung erlaubt. Folglich ist ein Exciter insbesondere für die Anregung von besonders steifen Konfigurationen wie z. B. der des LeiFu-Bodenmoduls geeignet.

Unter Variation der Plattensteifigkeit bei konstantem Laminataufbau, der durch eine Substitution der Carbonfasern durch Glasfasern hervorgerufen wird, tritt ein ähnlicher Frequenzverlauf auf. Jedoch treten die Frequenzen im deutlich steiferen CFK später auf als im GFK-Aufbau (siehe Abb. 7.13).

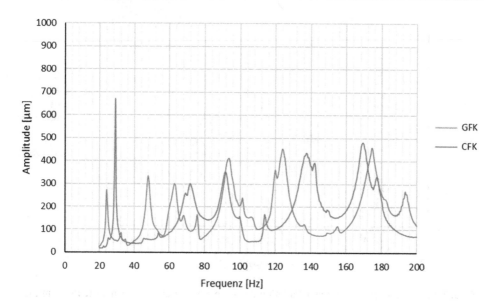

Abb. 7.13 Frequenzspektren unter Variation der Verstärkungsfaser einer ebenen FVK-Platte mit LeiFu-Lagenaufbau und Anregung durch Lautsprecher

Wie aus Abb. 7.14 ersichtlich ist, kann eine Zunahme der Dicke des Schaumkerns in einem Sandwich die Eigenfrequenzen zu deutlich höheren Frequenzen verschieben. Auch die Amplituden können durch einen dickeren Schaumkern stark reduziert werden. Jedoch kann dieser Ansatz bei eingeschränktem Bauraum nicht umgesetzt werden.

Bei Betrachtung des Einflusses des Versickungsgrads bei identischem Lagenaufbau einer CFK-Platte treten die Eigenfrequenzen von einer Platte mit Sicke später auf als bei einer ebenen Platte (siehe Abb. 7.15). Die Verläufe der Frequenzspektren bei einem Versickungsgrad von 2,28 %, der dem des Ausschnitts des LeiFu-Bodenmoduls entspricht, und von 5,28 % sind nur in geringem Maße verschoben. Allerdings konnte der gewünschte Effekt der Sicken im deutlich geringeren Umfang im Sandwich-Verbund realisiert werden. Hier traten die Eigenfrequenzen bei einem Sandwich mit ebenen Deckplatten bei höheren Werten auf, als bei Deckplatten mit Sicke (vgl. Abb. 7.16). Dies lässt sich auf die vollflächige Krafteinleitung bei ebenen Deckschichten und somit auch auf den Einfluss der Verklebung zwischen den CFK-Platten und dem Schaumkern zurückführen.

Unter Zuhilfenahme der starken Vereinfachung, des linearen Einflusses der untersuchten Versuchsparameter auf die Ausbildung der Eigenfrequenzen, veranschaulicht Abb. 7.17 beispielhaft um welchem Anteil der jeweilige Parameter gesteigert werden sollte, um eine konstante Verschiebung der ersten Eigenfrequenzen um 2 % zu realisieren. Eine Steigerung des Versickungsgrads einer reinen CFK-Platte ist am effektivsten, aber wird dieser Ansatz bei einem Sandwich verwendet, so verschiebt sich die erste

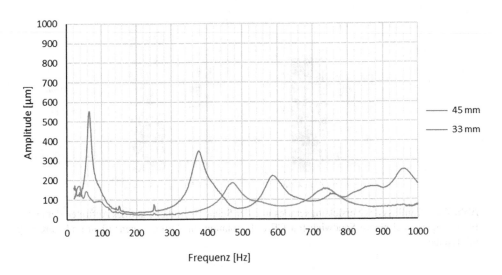

Abb. 7.14 Frequenzspektren unter Variation der Schaumkerndicke eines Sandwichs mit zwei ebenen CFK-Platten mit LeiFu-Lagenaufbau und Anregung durch Exciter

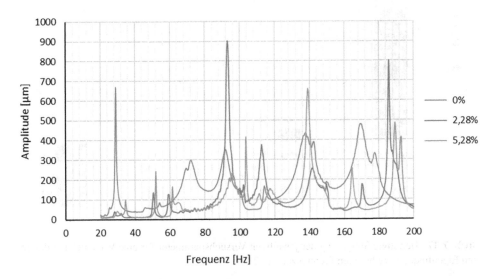

Abb. 7.15 Frequenzspektren unter Variation des Versickungsgrads von CFK-Platten mit LeiFu-Lagenaufbau und Anregung durch Lautsprecher

Eigenfrequenz zu niedrigeren Frequenzen. In weiteren Untersuchungen könnte geprüft werden, ob dieser negative Einfluss der Sicke auf das NVH-Verhalten durch eine bessere Anbindung zwischen Hautplatten und dem Schaumkern beeinflusst werden kann. Allerdings ist die Fertigung von Sicken in FVK-Bauweise mit einem sehr hohen Aufwand

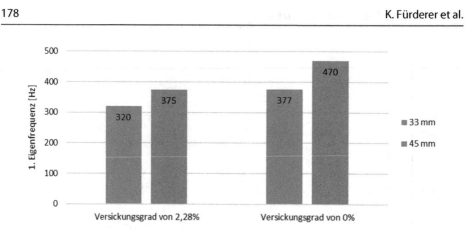

Abb. 7.16 Einfluss des Versickungsgrades und der Schaumkerndicke auf das Auftreten der ersten Eigenfrequenz bei einem Sandwich mit CFK-Hautplatten mit LeiFu-Lagenaufbau und Anregung mit Exciter

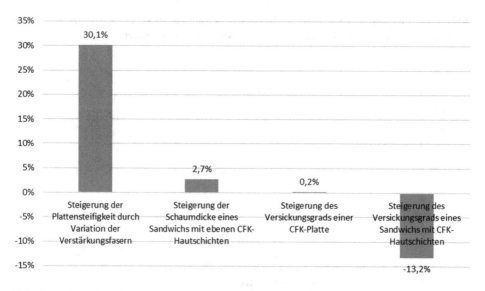

Abb. 7.17 Benötigte Steigerung der jeweiligen Versuchsparameter für eine Verschiebung der ersten Eigenfrequenz zu höheren Frequenzen um 2 %

verbunden. Vernachlässigt man die Möglichkeit einer Integration von Sicken, so kann festgestellt werden, dass eine Verschiebung der Eigenfrequenz am effektivsten durch eine Steigerung der Schaumdicke im Sandwich realisiert werden kann. Allerdings ist dies bei einer Limitierung des Bauraums nur eingeschränkt möglich. Weniger effektiv und teurer, aber sehr einfach durchführbar ist die Steigerung der Plattensteifigkeit durch Substitution von Glas- durch Carbonfasern.

7.3   Thermische Isolation bzw. Abstrahlung am Batteriemodul

Sathis Kumar Selvarayan

Für die Kühlung der HV-Batteriezellen werden geometrisch integrierte Kühlkanäle entwickelt. Gegenüber der derzeitigen Serienlösung verspricht man sich durch den strukturintegrierten Ansatz im Wesentlichen eine Reduzierung der Bauteile.

Die Technologie „Kühlung" ist für das Temperieren der Batterie verantwortlich.
Um den optimalen Betriebsbereich der Batterie einzustellen (ca. 35 °C), ist im Betrieb
eine Kühlung notwendig, da sich die Batterie erwärmt. Im Winter kann es im Gegen-
teil so sein, dass vor dem Start die Batterie leicht erwärmt werden muss. Beides kann
über die Kühlflüssigkeit geschehen. Die Kühlung wird mit einem pultrudierten Metall-
GFK-Aufbau realisiert und unter den Batteriemodulen platziert. Die Metall-Deckschicht
ermöglicht durch den direkten Kontakt zwischen Kühlung und Batteriegehäuse eine gute
Kühlleistung.

Für die Untersuchung der Kühlplatte wurde ein Prüfstand am ITV aufgebaut und
optimiert. Als Kühlmittel wird Leitungswasser verwendet und mittels eines Durchfluss-
reglers wird ein gleichmäßiger Wasserstrom durch die Kühlplatte gewährleistet. Die
Wassertemperatur und der Volumenstrom werden mit Durchflusssensoren vor und nach
der Kühlplatte aufgezeichnet. Die pro Kühlplatte abzuführende Wärmemenge entspricht
der Abwärme eines Batteriemoduls und liegt bei 50 W. Im Prüfstand wird das Batteriemodul durch Aluminium Cans gleicher Größe simuliert, die mit zwölf Heizpatronen versehen sind und auf die Kühlplatte gestellt werden. Die Heizpatronen werden über ein
Netzgerät mit insgesamt 50 W beaufschlagt. Um Wärmeverluste zu vermeiden, wurde
der Aufbau mit Styroporplatten gedämmt. Mithilfe mehrerer Temperaturfühler kann
die Temperatur an verschiedenen Stellen der Kühlplatte gemessen werden. Die Aufzeichnung der Daten erfolgt über einen Datenlogger (siehe Abb. 7.18).

Abb. 7.18 Aufbau für die Kühlleistungsprüfung mit Aufbau des Kühlmoduls mit „Aluminium
cans" (links) und Prüfaufbau zur Ermittlung der Kühlleistung (rechts)

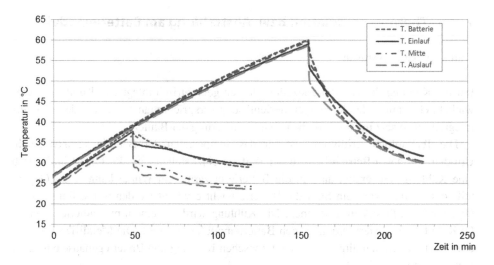

Abb. 7.19 Temperatur-Zeit-Diagramm zum Abkühlverhalten des weiterentwickelten Kühlmoduls

Die Kühlleistung des Kühlmoduls ist in Abb. 7.19 zu erkennen. Der Test wurde bei zwei verschiedenen Temperaturen durchgeführt: In der ersten Testreihe (Testreihe A), wurde das Kühlmodul auf 38 °C erwärmt. Anschließend wurde die Kühlung eingeschaltet. In der zweiten Testreihe (Testreihe B) wurde das Kühlmodul auf 60 °C erwärmt und dann abgekühlt.

Die Wasserdurchflussmenge in den Experimenten beträgt 1,6 l/min. Die Abkühlgeschwindigkeit in Testreihe A liegt bei ca. 0,3 °C/min und bleibt während des gesamten Experiments annähernd konstant. Andererseits beträgt die Abkühlrate in Testreihe B ca. 1,4 °C/min bis die Temperatur 40 °C erreicht. Danach beträgt die Abkühlrate ca. 0,3 °C/min (vgl. Abb. 7.20). In Testreihe A dauert es ca. 50 min, bis die Batterie auf 30 °C abgekühlt ist. In Testreihe B dauert es ca. 70 min.

Die Energieübertragungsrate in Testreihe B bei 60 °C Batterietemperatur beträgt ca. 30 kJ/min und bei 30 °C Batterietemperatur beträgt sie ca. 1 kJ/min (siehe Abb. 7.21). Nach ca. 30 °C erreicht das System den Gleichgewichtzustand. Bei den gegebenen Randbedingungen (Systemgeometrie, verwendete Materialien, Versuchsparameter) bleibt im Gleichgewichtzustand der Energietransfer von der Batterie zum Kühlmodul daher konstant bei 1 kJ/min. Die Ergebnisse zeigen, dass die Batterie bei der Betriebstemperatur von 35 ± 3 °C bei Verwendung des entwickelten Kühlmoduls gehalten werden kann.

Das getestete Kühlmodul erfüllt die vom Batteriehersteller definierten thermischen und mechanischen Leistungsanforderungen. Das Gewichtsersparnispotenzial von bis zu 15 % durch den Einsatz von GFK bietet darüber hinaus den weiteren Vorteil gegenüber den herkömmlichen Metallkühlmodulen.

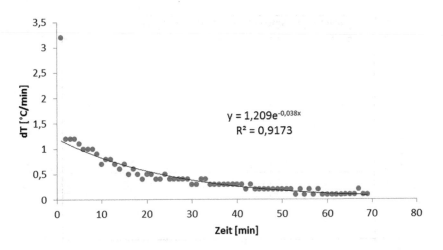

Abb. 7.20 Batterietemperaturabfallrate ab 60 °C in der Abkühlphase

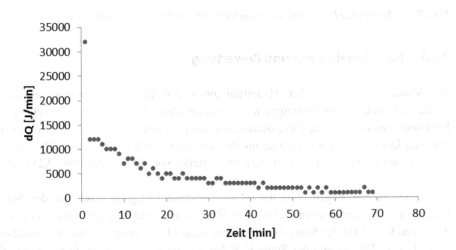

Abb. 7.21 Energieübertragungsrate ab 60 °C in der Abkühlphase

7.4 Integrierte elektrische Funktionen am Beispiel des induktiven Ladens

Karim Bharoun und Sathis Kumar Selvarayan

Im Rahmen des LeiFu-Projekts wurde über die Auslegung eines Fahrzeugbodens, aus Leichtbau-Materialien hinaus funktionale Tests und eine Bewertung der Funktionalität „induktives Laden" sowie eine Kostenabschätzung durchgeführt.

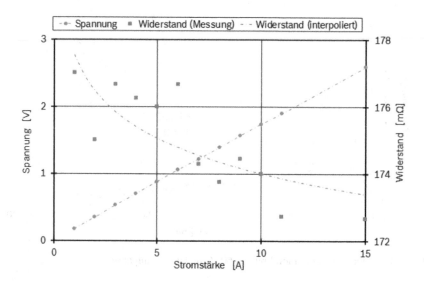

Abb. 7.22 Spannungs-/Stromverlauf im Gleichstrombetrieb (diskreter Ramp-Up)

7.4.1 Funktionale Tests und Bewertung

Die Validierung wesentlicher Hauptfunktionen der Technologie induktives Laden wurde in verschiedenen Prüfungen nachgewiesen. Ausgehend von der Herstellung des Funktionsdemonstrators in FVK-Bauweise (Gen.1) wurden Widerstandsmessungen bei diskreter Erhöhung der Stromstärke im Bereich von 0–15 A (siehe Abb. 7.22) sowie im Gleichstrombetrieb bei einer statischen Stromstärke von 20 A (siehe Abb. 7.23) durchgeführt.

Die Messungen zeigen, dass die schädigungsfreie Fertigung einer „textilen Spule" möglich ist. Die gemessenen elektrischen Widerstandswerte bewegen sich in einem für die gestreckte Länge der Spule und des verwendeten Litzenmaterials im zu erwartenden Bereich. Eine Erwärmung der Spule in Folge des Stromflusses zeigt einen Anstieg des Widerstands von 5 mΩ bei 20 A innerhalb von ca. 30 min. Eine Infrarotaufnahme der Bauteiloberfläche zeigt die Temperaturverteilung nach Beendigung der Widerstandsmessung (siehe Abb. 7.24).

Der gemessene Anstieg der Temperatur von ca. 20 °C gegenüber einer Umgebungstemperatur von 20 °C in den wärmeleitenden Bauteilbereichen sowie der geringere Temperaturanstieg von <5 °C in anderen Bauteilbereichen zeigt die Wirksamkeit des gewählten Entwärmungskonzepts.

Für die Serienproduktion wird das eingesetzte wärmeleitende Zwischenschichtmaterial durch ein von der Robert Bosch GmbH entwickeltes Material ersetzt, welches eine vergleichbare Wärmeleitfähigkeit (1,5 W/mK) bei ähnlichem Temperatureinsatzbereich (-40–140 °C) aufweist und unter Umgebungsbedingungen zu verarbeiten ist. Das

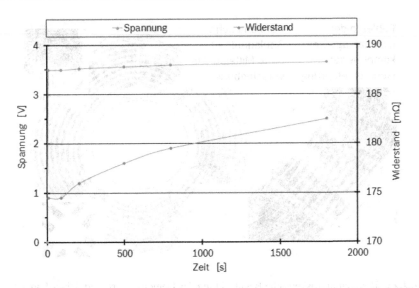

Abb. 7.23 Zeitlicher Verlauf von Spannung und Widerstand im Gleichstrombetrieb bei einer Stromstärke von 20 A

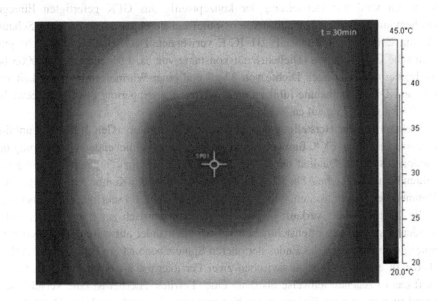

Abb. 7.24 Temperaturverteilung an der Bauteiloberfläche nach 30 min Gleichstrombetrieb bei 20 A

Material ist unter Umgebungsbedingungen weich und flexibel. Zu Platten ausgeformt und auf Temperaturen von <-10 °C gekühlt ist es als Plattenware leicht zu handhaben. Die Aushärtung findet bei Temperaturen >60 °C statt.

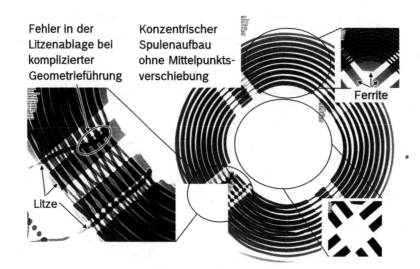

Abb. 7.25 Röntgenmikroskopische Begutachtung des Demonstrators „induktives Laden"

Weiterhin wird zur Herstellung der konzeptseitig aus GFK gefertigten Einleger (Zwischenräume aus Ferriten und textiler Spule) ein geschlossenzelliger PMI-Schaum der Firma Evonik, Typ Rohacell® 31 IG-F verwendet. Der Schaum weist sehr gute dielektrische Eigenschaften (Dielektrizitätskonstante von ca. 1,05 und tan δ < 0,0003 bei 2,5 GHz) bei einer geringen Dichte von 32 g/l und einer Wärmeformbeständigkeit von 180 °C auf. Diese Maßnahme führt zu einer weiteren Verringerung des Bauteilgewichts um ca. 0,4 kg von 3,7 kg auf ca. 3,3 kg.

Ausgehend von der Herstellung des Funktionsdemonstrators (Gen.2) für die Funktion „Induktives Laden" in FVK-Bauweise wurden nach der abschließenden Optimierung des Herstellprozesses die Qualität der Litzen- und Ferritablage in röntgenmikroskopischen Verfahren überprüft (siehe Abb. 7.25). Die Geometrietreue der Komponentenablage kann im Rahmen der Möglichkeiten (prototypische Herstellung) als sehr gut bezeichnet werden. Die „textile Spule" verläuft in zwei Ebenen konzentrisch zur Bauteilmitte, wobei die beiden Lagen keinen offensichtlichen Versatz zueinander aufweisen. Lediglich beim komplexen Herausführen des Endes der oberen Spulenebene ist ein Fehler in der Ablage der Litze zu erkennen. Anstatt zwischen zwei Ferritkernen im Füllmaterial zu laufen, verläuft das Litzenende teilweise oberhalb eines Ferrites. Hierbei ist eine Verschiebung aufgrund unzureichender Fixierung der Komponenten im werkzeuglosen Herstellungsprozess zu vermuten.

Neben der Beurteilung der Bauteilgeometrie und Litzenablage wurden weiterführende Widerstandsmessungen bei diskreter Erhöhung der Stromstärke im Bereich von 20–40 A bei Haltezeiten von jeweils 15 min (siehe Abb. 7.26 und 7.27) durchgeführt.

Die Messungen zeigen, dass eine weitere Optimierung der Fertigung der „textilen Spule" im Vergleich zu den bereits gezeigten Ergebnissen möglich ist. Die gemessenen

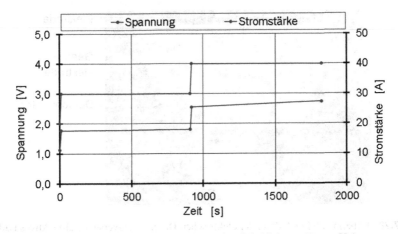

Abb. 7.26 Spannungs-/Stromverlauf im Gleichstrombetrieb (diskreter Ramp-Up)

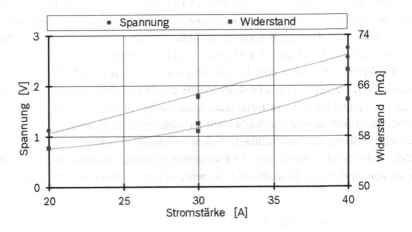

Abb. 7.27 Verlauf von Spannung und Widerstand im Gleichstrombetrieb bei variabler Stromstärke

elektrischen Widerstandswerte konnten auf ein Drittel des bisher erzielten Wertes, von 173 mΩ auf ca. 56 mΩ gesenkt werden. Eine Erwärmung der Spule in Folge des Stromflusses zeigt einen Anstieg des Widerstands von 10 mΩ bei einem Ramp-Up auf 40 A innerhalb von ca. 30 min. Die weitere Verbesserung des Widerstandes bzw. des Widerstandsanstiegs im Rahmen der Verlustleistungsmessung im Gleichstrombetrieb unterstreichen nochmals das Potenzial des Integrationskonzepts.

Zur Prüfung der Durchschlagfestigkeit des Bauteils und zur Klärung der Notwendigkeit des Einbringens weiterer Decklagen wurden elektrische Durchschlagversuche durchgeführt. Hierzu werden die beiden Litzenenden am Bauteil zu einer Elektrode zusammengefasst und das Bauteil in einem Metallkugelbad, welches die Gegenelektrode

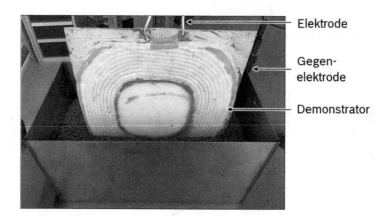

Abb. 7.28 Experimenteller Aufbau der elektrischen Durchschlagversuche „Induktives Laden"

bildet, teilweise versenkt. Durch sukzessives Erhöhen der Spannung lässt sich in dem gewählten Aufbau die Durchschlagsspannung, also die Spannung bei der mindestens 50 mA Strom über die Gegenelektrode abfließen, ermitteln. Den Aufbau der Messung zeigt Abb. 7.28, die Ergebnisse der Messung sind beispielhaft in Abb. 7.29 dargestellt.

In den Versuchen konnte eine Durchschlagspannung von ca. 1,5 kV über das ganze Bauteil ermittelt werden. Dabei fand der elektrische Durchschlag immer zwischen oberster Litzenlage und Bauteiloberfläche statt. Demzufolge ist dieser Bereich besonders vor Beschädigung oder äußere Zugänglichkeit zu schützen. Das Einbringen weiterer Decklagen zur Erhöhung der Durchschlagfestigkeit ist unumgänglich.

Zur abschließenden Beurteilung der Entwärmungsleistung des gewählten Konzepts wurden mit dem optimierten Demonstrator IR-optische Untersuchungen der Bauteiloberfläche

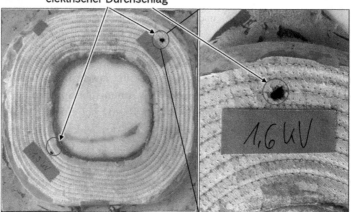

Abb. 7.29 Beispielhafte Ergebnisse der elektrischen Durchschlagversuche „Induktives Laden"

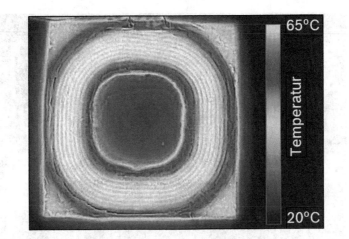

Abb. 7.30 Temperaturverteilung an der Bauteiloberfläche nach 15 min Gleichstrombetrieb bei 40 A

durchgeführt. Die sich einstellende Temperaturverteilung am Bauteil, beispielsweise nach Beendigung der Widerstandsmessung, zeigt Abb. 7.30.

Der gemessene gleichmäßige Temperaturanstieg von ca. 45 °C gegenüber einer Umgebungstemperatur von 20 °C bei ca. 110 W Verlustleistung ohne Kühlung der Bauteilrückseite unterstreicht die Wirksamkeit des gewählten Entwärmungskonzepts. Der noch große Abstand der gemessenen Bauteiltemperatur von 65 °C zur Dauergebrauchstemperatur der eingesetzten Materialien von ca. 120 °C lässt auf einen wirksamen Abtransport der Wärme auch bei höheren Verlustleistungen im Wechselstrombetrieb hoffen.

Im technologischen Ansatz wurden durch piezoelektrische Fasern aus dem Polymer Polyvinylidenfluorid (PVDF) gute Eigenschaften für eine faserbasierte Messung mechanischer Ereignisse erzeugt. Der Einsatz von PVDF-faserbasierter Sensorik dient der Überwachung der mechanischen Verformung in die Induktionsladeeinheit.

Um die mechanische Verformung in der Induktionsladeeinheit zu messen, wurde die Ladeeinheit mit integriertem PVDF-Sensor durch eine dynamische Drei-Punkt-Biegeprüfung validiert. Die Ladeeinheit wurde an der dynamischen Prüfmaschine befestigt (siehe Abb. 7.31). Ein Stempel mit 36 mm Durchmesser wurde für die Prüfung verwendet. Die Prüfung wurde mit 1 Hz und 10 Hz durchgeführt.

Die Ergebnisse der dynamischen Drei-Punkt-Biegeprüfung sind in Abb. 7.32 zu sehen. Die elektrische Ladung aus den PVDF-Sensoren folgt der mechanischen Verformung der Ladeeinheit. Aus der Proportionalität der elektrischen Ladung kann die mechanische Verformung der Ladeeinheit berechnet werden.

Aus den Ergebnissen kann geschlossen werden, dass die mechanische Verformung der Ladeeinheit mit den integrierten Textilsensoren effektiv gemessen werden kann. Bis jetzt blieb die elektrische Kontaktierung von textilen Sensoren eine Herausforderung. Mithilfe der experimentellen Untersuchungen wurde jedoch gezeigt, dass die textilen Sensoren effektiv kontaktiert und für Messungen verwendet werden können.

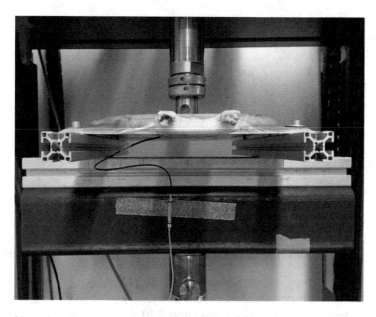

Abb. 7.31 Versuchsaufbau der dynamische Drei-Punkt-Biegeprüfung

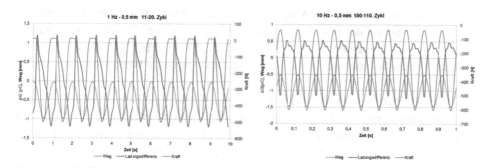

Abb. 7.32 Messung der elektrischen Ladung einer PVDF-enthaltende Ladeeinheit

7.4.2 Kostenabschätzung

Eine erste grobe Abschätzung der Produktionskosten für den Demonstrator „Induktives Laden" stellt sich unter Berücksichtigung der Versuche in Abschn. 5.4 und der Annahme einer Produktionsmenge von 200.000 Stück wie folgt dar (Tab. 7.2):

Mit Bauteilkosten unter 20 € zzgl. der Materialkosten für die stromführenden Komponenten weist das erarbeitete Konzept, sofern die Weiterentwicklung zu einem leistungsübertragenden System gelingt, durchaus ein hohes wirtschaftliches Potenzial auf.

Tab. 7.2 Wirtschaftlichkeitsbetrachtung „Induktives Laden"

Wirtschaftlichkeitsbetrachtung Ladepad					exklusive Litze		
LeiFu				Bauteil-kosten je Stck.	18,31 €		
Bauteil	[–]	ind. Laden					
Stückzahl	[–]	200.000					
Gewicht	[kg/Stck.]	0,8		Summe Invest	330.000,00 €		
Material-kosten	Art	Bemerkung		Preis/kg	Preis/Stück		
	Harz	Wärmeleitend		15,00 €	12,00 €		
Summe:					12,00 €		
Fertigungs-kosten	Arbeits-schritt	Personal [h-Satz]	Dauer [min]	Personal Summe	Anlagen [h-Satz]	Belegung [min]	Anlagen Summe
	Sticken*	25,00 €	20	0,83 €	10,00 €	20	0,33 €
	Drapieren	25,00 €	5	2,08 €	20,00 €	2	0,67 €
	Infiltrieren	25,00 €	3	1,25 €	20,00 €	3	1,00 €
	Aushärten* (Induktiv)	25,00 €	1	0,04 €	30,00 €	20	0,10 €
Summe:	4,21 €				2,10 €		
Investitions-kosten	Anlagentyp		Summe:		* **Hinweis:** zeitgleiches Sticken von 10 Spulen zeitgleiches Aushärten von 100 Stück		
	Stickmaschine mit 10 Köpfen		180.000,00 €				
	RTM-Anlage (Injektor, Presse, Werkzeug, Vakuumpumpe)		150.000,00 €				
	GESAMT		**330.000,00 €**				

7.5 Integrierte elektrische Funktionen am Beispiel des Energiespeichers

Karim Bharoun

Neben der Funktionalität „induktives Laden" wurde auch die Funktion „Energie-speicher" funktionale Tests, einer Bewertung der Funktionalität sowie einer Kosten-abschätzung unterzogen.

7.5.1 Funktionale Tests und Bewertung

Der Nachweis der Entwärmung der Batteriezellen und Kühlmediendichtigkeit des Bauteils ist in Abschn. 5.2 dargestellt.

Darüber hinaus wurden Messungen des elektrischen Bauteilwiderstands und des elektrischen Durchschlags beim Demonstrator „Energiespeicher (Gen.2)" durchgeführt. Abb. 7.33 zeigt eine Übersicht des Demonstrators und der verwendeten Komponenten.

Bei der elektrischen Widerstandsmessung am Demonstrator wurden mehrere Pfade geprüft (vgl. Tab. 7.3).

Die geforderte Erdung des Energiespeichers kann also in den Batteriemodulen über den Pfad Kühlplatte, Kompressionsplatten sowie dem umgebenden Metallrahmen zum Bodenmodul sichergestellt werden. Eine Verringerung des Erdungswiderstands könnte durch eine Vorbehandlung der Kontaktstellen der ortsfesten Komponenten Kühlplatte und Kompressionsplatte sowie einer sich direkt anschließenden elektrischen Kontaktierung erreicht werden.

Die Prüfung der Durchschlagfestigkeit des Demonstrators „Energiespeicher" gliedert sich in zwei Teile: der Messung der Durchschlagfestigkeit des Gesamtmoduls gemessen

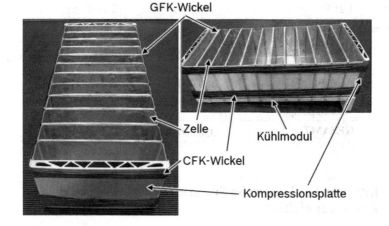

Abb. 7.33 Übersicht Demonstrator „Batteriemodul" und verwendete Komponenten

Tab. 7.3 Ergebnisse der elektrischen Widerstandsmessung am Demonstrator „Batteriemodul"

Pfad	Elektrischer Widerstand [Ω]
Kühllatte (Aluminium, unbehandelt)	<1
CFK-Wickel	<100
Kompressionspatte zu Kompressionspatte	ca. 190
Alle anderen Pfade	∞

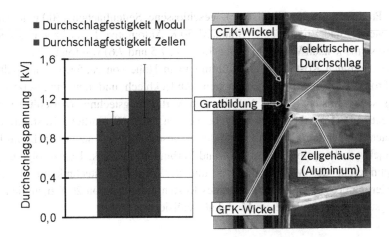

Abb. 7.34 Ergebnisse der elektrischen Durchschlagversuche „Batteriemodul"

von den Kompressionsplatten zu den einzelnen Zellen und der Durchschlagfestigkeit zwischen den einzelnen Zellen. Die Ergebnisse der Messungen sind in Abb. 7.34 dargestellt.

Die Versuchsergebnisse zeigen, dass die geforderte Durchschlagfestigkeit von 2,75 kV nicht ganz erreicht werden kann. Ursächlich hierfür sind zwei Bereiche im Bauteil. Zum einen der Übergang zwischen den isolierten Zellen und der Aluminiumkühlplatte des Kühlmoduls. Im Wickelprozess bzw. in der Benutzung des Bauteils kommt es durch Relativbewegungen zwischen den beiden Komponenten zu einem Abrieb der Isolierung, welche die Durchschlagfestigkeit herabsetzt. Eine entsprechende kratzfeste und reibmindernde Ausrüstung des Kühlmoduls könnte ein möglicher Lösungsansatz sein. Zum anderen stellt die Umlenkung der GFK-Wickel an den Zellkanten eine Schwachstelle des aktuellen Konzepts dar. Durch die beim Wickeln entstehenden Zugspannungen in der Glasfaser werden die Kanten der Zellgehäuse stark belastet und teilweise eingedrückt. Der dabei entstehende Grat stellt einen möglichen Durchschlagspunkt zum CFK-Wickel in der Messung dar. Hier könnte ein Kantenschutz, vergleichbar zur Kompressionsplatte beim CFK-Wickel, einen Lösungsansatz darstellen. Aufgrund der verbleibenden Projektlaufzeit können die genannten Maßnahmen jedoch nicht mehr zielführend in Form eines Demonstrators umgesetzt werden.

7.5.2 Kostenabschätzung

Eine erste grobe Abschätzung der Produktionskosten für den Demonstrator „Energiespeicher" stellt sich unter Berücksichtigung der Versuche in Abschn. 6.2.1 und der Annahme einer Produktionsmenge von 10.000 Modulen pro Jahr (8 h Einschichtbetrieb in der Produktion, 220 Arbeitstage), geschlossene Seitenflächen (500 g je Harz und Fasermaterial) und Einsatz einer Standard 50 K Automotive Faser bzw. eines Standard Matrixsystems je nach Verfahren (siehe Tab. 7.4, 7.5 und 7.6) wie folgt dar:

Hinzu kommen Kosten für ein Kühlmodul in Höhe von ca. 5 € für das pultrudierte GFK Profil, spritzgegossene Endkappen, Abdeckblech und den eingesetzten Klebeprozess sowie Kosten für die Aufbau- und Verbindungstechnik (Anschlüsse Kühlung und elektrische Kontaktierung) in Höhe von ca. 20 €. Wesentliche Kostentreiber sind die Materialkosten der CFK-Faser und der eingesetzten Harze sowie für die im Rahmen des Projekts nicht optimierte Aufbau- und Verbindungstechnik. Demzufolge erscheinen bei Optimierung des Materialeinsatzes und der Verbindungstechnik im Modul sowie Maximierung des Automatisierungsgrades Kosten unterhalb von 20 € zuzüglich der Verbindungstechnik je gewickeltem Modul als realisierbar.

7.6   Sensorintegration im Technologieträger Multifunktionsmulde

Maximilian Hardt, Florian Ritter, Robert Bjekovic, Klaus Fürderer und Peter Middendorf

Im Rahmen des Projekts LeiFu wurde die Sensorintegration unter Serienbedingungen als eigenständiges Schwerpunktthema im Kontext Funktionsintegration identifiziert. Da die Herstellung des Demonstrators Bodenmodul nicht im Rahmen eines Serienprozesses erfolgen kann, wurden verschiedene Technologien zur Funktionsintegration in das Bauteil Multifunktionsmulde übertragen. Bei der Multifunktionsmulde handelt es sich um ein FVK-Serienbauteil, welches unter anderem in der Mercedes S-Klasse AMG zum Einsatz kommt.

Wie in Abb. 7.35 dargestellt ist, handelt es sich hierbei um ein Bauteil aus einem CFK-Sandwich-Verbund. Für die Herstellung der Multifunktionsmulde kommt das RTM-Verfahren zum Einsatz und somit das gleiche Fertigungsverfahren, welches konzeptionell auch für die Fertigung des gesamten LeiFu-Unterbodens vorgesehen ist. Durch den Einsatz der Sensorintegration im Technologieträger Multifunktionsmulde war es dementsprechend möglich die Integration der jeweiligen Technologien unter realen Bedingungen eines Serienprozesses vorzunehmen. Des Weiteren konnte die Validierung der integrierten Funktionen unter ebendiesen Prozessparametern durchgeführt werden.

7.6.1   Integrierte Funktionen und Technologien

Im Verlauf des Projekts wurden verschiedene Technologien und Funktionen in die Multifunktionsmulde integriert. Im Rahmen der Sensorintegration wurden zwei voneinander abzugrenzende Konzepte verfolgt. Diese unterschieden sich durch die jeweilige technische Ausstattung der integrierten Sensorik sowie deren Komplexität voneinander.

Tab. 7.4 Wirtschaftlichkeitsbetrachtung Energiespeicher – TowPreg

Wirtschaftlichkeitsbetrachtung TowPreg				exklusive Kühlmodul und Zellen
LeiFu			Bauteilkosten je Stck.	
Bauteil	[-]	Batteriemodul		33,07 €
Stückzahl	[-]	10.000		
Gewicht	[kg/Stck.]	0,5	Summe Invest	37.500,00 €
Materialkosten	Art	Bemerkung	Preis/kg	Preis/Stck
	Fasermaterial	50K C-Faser	12,00 €	6,00 €
	Harz	Towpreg-Harz	8,00 €	4,00 €
	Lizenzgebühren	Pro Spule		1,50 €
	Spulenkosten	Pro Spule		8,00 €
	Hilfsmaterialien	Tüten, Deckel etc.		1,50 €
Summe:				21,00 €

Fertigungskosten / Arbeitsschritt	Personal [h-Satz]	Dauer [min]	Personal Summe	Anlagen [h-Satz]	Belegung [min]	Anlagen Summe
Spulenherstellung	25,00 €	2	0,83 €	50,00 €	2	1,67 €
Infiltrieren	25,00 €	3	1,25 €	20,00 €	3	1,00 €
Umwickeln	25,00 €	8	3,33 €	20,00 €	8	2,67 €
Aushärten*	25,00 €	1	0,42 €	30,00 €	180	0,90 €
Summe:			5,83 €			6,23 €

Investitionskosten / Anlagentyp	Summe:
Drehmotor+Spulenhalterung	7500,00 €
Umspulanlage	20.000,00 €
Spulen Befüllvorrichtung	5000,00 €
Heizvorrichtung	5000,00 €
GESAMT	**37.500,00 €**

* Hinweis: zeitgleiches Aushärten von 100 Bauteilen

Tab. 7.5 Wirtschaftlichkeitsbetrachtung Energiespeicher – Wickeln

Wirtschaftlichkeitsbetrachtung Wickeln				exklusive Kühlmodul und Zellen		
LeiFu			Bauteilkosten je Stck.	19,48 €		
Bauteil	[-]	Batteriemodul				
Stückzahl	[-]	10.000				
Gewicht	[kg/Stck.]	0,5	Summe Invest	60.000,00 €		
Materialkosten	Art	Bemerkung	Preis/kg	Preis/Stck		
	Fasermaterial	50K C-Faser	12,00 €	6,00 €		
	Harz	Towpreg-Harz	8,00 €	4,00 €		
Summe:				10,00 €		
Fertigungskosten	Arbeitsschritt	Personal [h-Satz]	Dauer [min]	Personal Summe	Anlagen [h-Satz]	Belegung [min]	Anlagen Summe
	Rüsten	25,00 €	2	0,83 €	20,00 €	2	0,67 €
	Wickeln		0	0,00 €	80,00 €	5	6,67 €
	Aushärten*	25,00 €	1	0,42 €	30,00 €	180	0,90 €
Summe:	1,25 €			8,23 €			
Investitionskosten	Anlagentyp		Summe:			
	Harzbad		15.000,00 €			
	Wickelmaschine		30.000,00 €			
	Drehbankvorrichtung		10.000,00 €			
	Ofen		5000,00 €			
	GESAMT		60.000,00 €			

*Hinweis: zeitgleiches Aushärten von 100 Bauteilen

Tab. 7.6 Wirtschaftlichkeitsbetrachtung Energiespeicher – Prepreg

Wirtschaftlichkeitsbetrachtung Prepreg				exklusive Kühlmodul und Zellen			
LeiFu				Bauteil-kosten je Stck.	59,17 €		
Bauteil	[–]	Batteriemodul					
Stückzahl	[–]	10.000					
Gewicht	[kg/Stck.]	0,5		Summe Invest	2.00.000,00 €		
Material-kosten	Art	Bemerkung		Preis/kg	Preis/Stck		
	Prepreg	Gewebe		80,00 €	40,00 €		
Summe:				40,00 €			
Fertigungs-kosten	Arbeits-schritt	Personal [h-Satz]	Dauer [min]	Personal Summe	Anlagen [h-Satz]	Belegung [min]	Anlagen Summe
	Drapie-ren	25,00 €	5	2,08 €	20,00 €	2	0,67 €
	Aus-härten*	25,00 €	1	0,42 €	100,00 €	480	16,00 €
Summe:	2,50 €				16,67 €		
Investitions-kosten	Anlagentyp		Summe:		*** Hinweis:** zeitgleiches Aushärten von 50 Bauteilen		
	Autoklav		2.00.000,00 €				
	GESAMT		**2.00.000,00 €**				

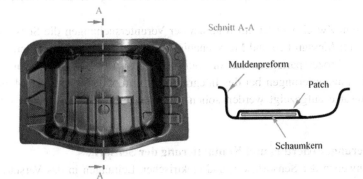

Schnitt A-A

Muldenpreform

Patch

Schaumkern

Abb. 7.35 Darstellung der Multifunktionsmulde aus CFK mit schematischem Schnitt des Grundaufbaus

Die Konzepte können dabei in die Integration einzelner Sensoren (Gen1) sowie in die Integration eines Sensorsystems (Gen2), bestehend aus Sensoren, einer Steuereinheit sowie Modulen zur Daten- und Energieübertragung, unterteilt werden.

Tab. 7.7 Übersicht der Entwicklungsstufen der sensorintegrierten Multifunktionsmulde

Entwicklungsstufen	Gen1	Gen2
Messkomponenten	Sensorfasern, Standardmessgeräte	Sensorik und Auswerteeinheit sind Standardbauteile
Messgrößen	Temperatur, Körperschall	Temperatur, Lage 3D, Kompass
Datenverarbeitung	extern	intern
Datenübertragung	Flachbandkabel	drahtlos, Bluetooth
Energieübertragung	Flachbandkabel	drahtlos, Induktiv

Die Integrationsfähigkeit der unterschiedlichen elektronischen und sensorischen Komponenten wurde jeweils in Vorversuchen unter Laborbedingungen untersucht und anschließend im Serienprozess validiert. Die Ergebnisse der Voruntersuchungen werden in den folgenden zwei Unterkapiteln ausführlicher beschrieben.

Eine Übersicht der beiden Entwicklungsstufen und der jeweiligen technischen Ausstattung ist in Tab. 7.7 dargestellt.

7.6.2 Ergebnisse der ersten Entwicklungsstufe: Gen1 – kabelbasiert

In der ersten Entwicklungsstufe wurde die Integration faserbasierter Sensorik in das Faserverbundmaterial untersucht. Das Ziel war dabei einerseits eine Überwachung der Prozessparameter des RTM-Prozesses zu ermöglichen sowie andererseits, zu einem späteren Zeitpunkt, die Funktionsparameter des im Fahrzeug verbauten Bauteils zu überwachen.

Zu diesem Zweck wurden im Rahmen der Voruntersuchungen die Sensorfasern hinsichtlich ihrer Messgrößen und Messgenauigkeit charakterisiert. Des Weiteren wurde der Einfluss der Prozessparameter auf die Sensorik untersucht. Dabei wurden vier grundlegende Herausforderungen bei der Integration identifiziert, für die im Folgenden erste Lösungsansätze aufgezeigt werden sollen. Eine Zusammenfassung ist in Tab. 7.8 aufgeführt.

Positionierung, Fixierung und Kontaktierung der Sensorik
Durch Einweben der Sensorfasern und elektrischen Leitungen in das Verstärkungstextil konnte eine reproduzierbare Positionierung und Fixierung sichergestellt werden. (siehe Abb. 7.36, links). Bei einem Einsatz von Multiaxialgelegen als Verstärkungstextil ist das Einweben der Sensorfasern jedoch nicht möglich. Daher wurde die Fixierung in diesem Fall durch eine Verklebung der Sensorfasen realisiert (sieheAbb. 7.36, rechts). Die elektrische Kontaktierung der Sensorfasern erfolgte durch Verlöten mit einem

Tab. 7.8 Herausforderungen und Lösungsansätze Sensorintegration – Gen1 – kabelbasiert

Herausforderungen	Lösungsansätze
Positionierung und Fixierung der Sensorik	Für Gewebe: Einweben der Sensorfasern Bei Gelegen: Verkleben der Sensorfasern
Kontaktierung der integrierten Sensorik	Einsatz eines modifizierten Crimp-Verfahrens und anlöten an Flachbandkabel
Chemische Einflüsse des Serienharzes auf die Sensorik	Schutzbeschichtung auf Epoxidharzbasis
Elektrische Kurzschlüsse bei der Verwendung von Carbonfasern als Verstärkungstextil	Isolation der Sensorik mittels Isolationslack und Verwendung von Glasfaservliesen

Abb. 7.36 Eingewobene Sensorfasern und elektrische Leitungen (links), Vercrimpung zur Verbindung von polymerbasierten Sensoren (Mitte) und Drapieren eines mit Sensoren bestückten Halbzeugs im Serienprozess (rechts)

Flachbandkabel. Nichtmetallische Sensorfasern wurden unter Verwendung einer speziellen Vercrimpung kontaktiert (siehe Abb. 7.36, Mitte).

Integration im RTM-Prozess
Im Serienbauteil kommt ein Verstärkungstextil aus Carbonfasern zum Einsatz. Ergänzend hierzu wurden alle Versuche auch unter Einsatz von Glasfasertextilien durchgeführt. Hierdurch wird einerseits die Analyse aufgrund der besseren optischen Zugänglichkeit erleichtert, andererseits wird das Risiko einer kurzschlussbedingten Fehlfunktion erheblich reduziert. Im Laborversuch konnte für beide Materialien die volle Funktionsfähigkeit der integrierten Sensorik festgestellt werden.

Für die Integration im RTM-Serienprozess erwies sich die kabelgebundene Kontaktierung als nur bedingt geeignet. Neben dem erhöhten Aufwand bei der Handhabung, kam es gehäuft zu Kabelbrüchen im Bereich der Werkzeugkante. Die Kabelbrüche lassen sich insbesondere auf die hohen Schließkräfte des Werkzeugs zurückführen. Nach erneuter Kontaktierung der beschädigten Leitungen waren jedoch alle Sensorfunktionen wieder nutzbar. Somit konnte die grundlegende Funktionalität der Sensorik auch für den Serienprozess nachgewiesen werden (Abb. 7.37).

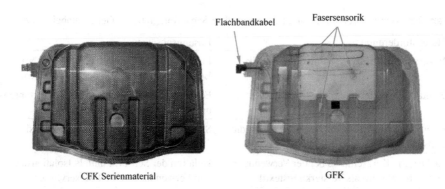

Abb. 7.37 Mulden mit faserbasierter Sensorik (Links: CFK-Varianten, rechts: GFK-Variante)

7.6.3   Ergebnisse der zweiten Entwicklungsstufe: Gen2 – drahtlos

Die Mulden der zweiten Generation zeichnen sich gegenüber der Gen1 vor allem hinsichtlich des höheren Komplexitätsgrads der integrierten Sensorik aus. Durch den Einsatz eines Mikrocontrollers konnte einerseits eine interne Messdatenverarbeitung realisiert werden, andererseits konnten sowohl die Daten- als auch die Energieübertragung drahtlos realisiert werden. Die Datenübertragung erfolgt dabei funkbasiert über Bluetooth, die Energieübertragung induktiv unter Einsatz einer Induktionsspule. Hierzu wurden ausschließlich standardisierte Elektronikkomponenten verwendet, die unter Ausnutzung des im Schaumkern verfügbaren Bauraums in die Mulde integriert wurden. Der sensorbestückte Schaumkern ist in Abb. 7.38 dargestellt. Analog zur Vorgängerversion konnten auch für die Mulde Gen2 spezifische Herausforderungen und Lösungsansätze definiert werden. Diese sind in Tab. 7.9 zusammengefasst.

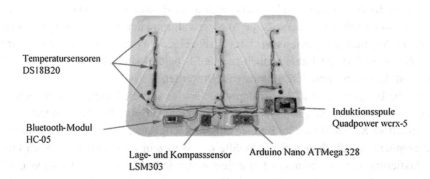

Abb. 7.38 Positionierung der drahtlosen Sensorik im Schaumkern

Tab. 7.9 Herausforderungen und Lösungsansätze Sensorintegration – Gen2 – drahtlos

Herausforderung	Lösungsansatz
Positionierung und Fixierung der Sensorik	Einbettung im Schaumkern, Verguss mit Epoxidharz
Kontaktierung der integrierten Sensorik	Drahtlos: Bluetooth und Induktion
Einfluss der RTM-Prozessparameter auf die Standardelektronikkomponenten	Vorversuche auf Komponenten- und System-ebene
Abschirmende Wirkung von Carbonfasern	Materialmix mit Glasfasern, Fensterung

7.6.3.1 Einbettung und Fixierung der Sensorik im Schaumkern

Um eine dauerhafte Positionierung und Fixierung der Sensorik und der weiteren elektronischen Bauteile sicherzustellen, wurden im Schaumkern an entsprechenden Stellen Kavitäten ausgefräst. Anschließend wurden die Sensorikkomponenten eingesetzt und mit Epoxidharz vergossen. Dieses Vorgehen wurde gewählt, um einerseits die Fixierung zu gewährleisten, andererseits aber auch um die Elektronik vor chemischen Einflüssen des Serienharzes zu schützen. Des Weiteren konnte somit sichergestellt werden, dass das Volumen des Schaumkerns konstant bleibt und folglich auch der Injektionsvorgang des RTM-Serienprozesses nicht beeinflusst wird.

7.6.3.2 Temperaturfestigkeit der elektrischen und sensorischen Komponenten

Im Rahmen des Serienprozesses können Temperaturlasten von bis zu 120 °C über einen Zeitraum von 30 Minuten auftreten. Diese Werte überschreiten in den meisten Fällen die angegebenen Temperaturspezifikationen der elektronischen Bauteile. Aus diesem Grund wurden alle Komponenten sowohl im nicht verbauten Zustand, als auch eingebettet im Schaumkern hinsichtlich ihrer Temperaturverträglichkeit untersucht. Wiederholte Funktionstests bei 90-minütigen Temperaturzyklen zwischen 60 °C und 120 °C ergaben keine negativen Einflüsse auf die Funktionsfähigkeit der Komponenten. Die Ergebnisse der Temperaturversuche sind in Tab. 7.10 dargestellt.

7.6.3.3 Einfluss des FVK auf die drahtlose Energie- und Datenübertragung

Elektrisch leitfähige Materialien weisen eine abschirmende Wirkung auf elektromagnetische Felder und Wellen auf. Um den Einfluss der Verstärkungstextilien auf die drahtlose Energie- und Datenübertragung zu überprüfen wurden Abschirmversuche mit verschiedenen Faserverbundmaterialien durchgeführt.

Bei der Verwendung von Glasfasern konnte aufgrund der fehlenden elektrischen Leitfähigkeit kein Einfluss auf das Übertragungsverhalten der drahtlosen Funktionen festgestellt werden.

Bei der Verwendung von Carbonfasern (elektrisch leitfähig) treten jedoch verschiedene Effekte auf. Durch die elektromagnetischen Wechselfelder kommt es zu einer

Tab. 7.10 Versuche zur Temperaturverträglichkeit der elektrischen Komponenten

Stufe	1	2	3	4	5	5	7	8	Zyklus gesamt
Temperatur [°C]	60	70	80	90	100	110	120	120	Ø 83
Haltedauer [min]	10	10	10	10	10	10	10	20	90
Funktionsfähigkeit aller Komponenten	✓	✓	✓	✓	✓	✓	✓	✓	✓

Tab. 7.11 Abschirmversuche (CFK) unter Variation des Lagenaufbaus

Lagenaufbau	Referenz	4 Lagen GW	1 Lage GW	4 Lagen GL	1 Lage GL
Induktiv übertragbare Energie ausreichend?	✓	✓	✓	✓	✓
Datenübertragung mittels Bluetooth?	✗	✗	✗	✗	✗

Induzierung von Wirbelströmen, die zu einer Erwärmung des Materials führen. Der in Wärme dissipierte Verlustanteil der Signalenergie hängt hierbei stark von der Frequenz des Erregungssignals ab. Je höher die Frequenz desto höher sind die Verluste und somit die Abschirmwirkung (Dräger et al. 2012).

Im Rahmen der Versuche wurden zwei unterschiedliche Arten von Carbonfaser-textilien untersucht. Hierzu zählen ein Leinwandgewebe (GW) 0 °/90 °-Orientierung sowie ein Gelege (GL) ±45°-Orientierung. In Tab. 7.11 sind die entsprechenden Versuchskonfigurationen aufgeführt. Für den vierlagigen Referenzaufbau (GW, GL, GL, GW) war bei der induktiven Energieübertragung eine deutliche Erwärmung des Carbonfasermaterials festzustellen. Aufgrund der relativ niedrigen Signalfrequenz reichte die übertragene Leistung jedoch noch für die volle Funktionalität der Sensorik aus.

Eine Datenübertragung mittels Bluetooth war bei keiner der Varianten mit carbonfaserbasierten Textilien möglich. Dies ist auf den höheren Frequenzbereich (2,4 GHz) im Gegensatz zur induktiven Übertragung (100–200 kHz) sowie die geringere Sendeleistung des Bluetoothmoduls zurückzuführen (2,5 mW gegenüber 5 W).

Um dennoch eine drahtlose Datenübertragung in ein CFK-Bauteil zu ermöglichen, wurden zwei unterschiedliche Lösungsansätze entwickelt. Der erste Lösungsansatz verfolgt die Substitution der Carbonfasern durch Glasfasern im Bereich des Bluetoothmoduls. Als Nachteil dieser Lösung ist jedoch die Abnahme der mechanischen Eigenschaften des Bauteils, aufgrund des großflächigen Austauschs von Carbon- durch Glasfasern zu sehen.

Mit dem zweiten Lösungsansatz wurde daher das Ziel verfolgt, die drahtlose Datenübertragung mit einem möglichst kleinen Effekt auf die mechanischen Eigenschaften des Bauteils zu realisieren. Dazu wurde der Ansatz verfolgt eine Fensterung über der entsprechenden Bluetooth-Antenne zu integrieren. Hierzu wurde eine Reinharzscheibe

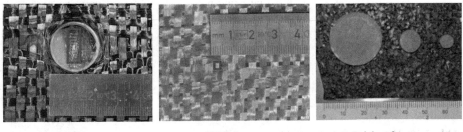

Standardantenne   SMD-Antenne   Reinharzfenster

Abb. 7.39 Unterschiedliche Größe der Fensterung beim Einsatz von Standard- und SMD-Antenne

in das Verstärkungstextil integriert. Um eine störungsfreie Funkübertragung zu gewährleisten, muss das Fenster dazu mindestens die Abmessungen der Antennen-Geometrie aufweisen. Der Störeffekt durch die Fensterung verhält sich somit analog zur Größe der Antenne. Im Rahmen der Entwicklung konnte dabei durch den Einsatz einer deutlichen kleineren SMD-Antenne die notwendige Fensterung, im Vergleich zum ursprünglichen Bluetooth-Modul, deutlich reduziert werden (vgl. Abb. 7.39).

7.6.3.4 Integration in Rahmen des RTM-Serienprozesses

Aufbauend auf den Ergebnissen der Voruntersuchungen wurden verschiedene Varianten der Sensormulde im Rahmen des RTM-Serienprozesses gefertigt. Hierbei handelte es sich wie in Abb. 7.40 dargestellt um:

- Mulden aus reinem Glasfasertextil (GFK)
- Mulden aus Carbonfasertextil mit einem Patch aus Glasfasern (CFK + GFK-Patch) sowie
- Mulden, die vollständig aus einem Carbonfasertextil gefertigt sind und zusätzlich eine Fensterung aus Reinharz besitzen (CFK + Fenster)

Sämtliche Varianten weisen eine vollständige Funktionsfähigkeit auf, wodurch die Konzepttauglichkeit für den Serienprozess nachgewiesen werden konnte.

7.6.3.5 Betrieb der Sensormulden und Visualisierung der Daten

Durch Auflegen einer Induktionsspule wird die Sensoreinheit im Schaumkern mit Energie versorgt. Die Sensoreinheit ist daraufhin aktiv geschaltet und bereit für die Verbindung mit einem entsprechenden Empfangsgerät, wie bspw. einem Notebook. Im Rahmen des Projekts wurde zudem ein Software-Tool (SensorView) mit einer graphischen Benutzeroberfläche entwickelt, welches die Visualisierung der Sensorfunktionen ermöglicht. Durch Eingabe der Bluetooth-Modul-ID kann die Verbindung zur Mulde aufgebaut werden. SensorView ermöglicht die Visualisierung der Messwerte an

GFK   CFK + GFK-Patch   CFK + Fenster

Abb. 7.40 Varianten der Sensormulden

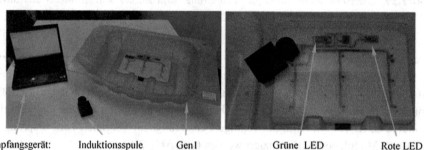

Empfangsgerät:	Induktionsspule	Gen I	Grüne LED	Rote LED
Notebook, Tablet	mit Akku	Mulde	Arduino	Bluetoothmodul
etc.				

Abb. 7.41 Inbetriebnahme der Mulde mit dem notwendigen Equipment (links) und der optischen Funktionsanzeige (rechts)

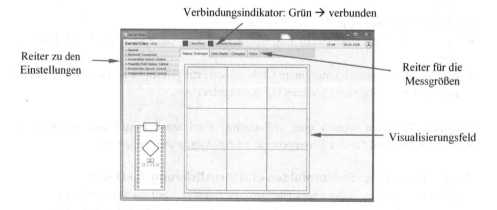

Verbindungsindikator: Grün → verbunden

Reiter zu den Einstellungen

Reiter für die Messgrößen

Visualisierungsfeld

Abb. 7.42 Graphische Benutzeroberfläche des Auswerteprogramms

Computern und Tablets. Es werden fortlaufend schrittweise alle Sensorwerte gesendet. Mit Reitern im Programm können die verschiedenen Sensordaten zur Anzeige ausgewählt werden (siehe Abb, 7.41, 7.42 und 7.43).

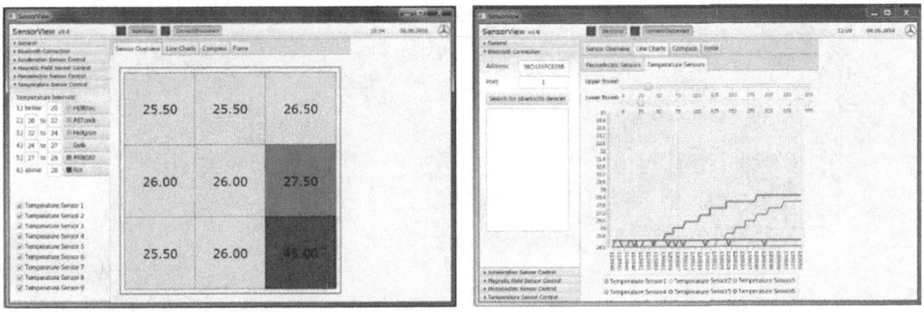

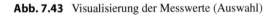

| Temperaturmessung | Messverläufe |

Abb. 7.43   Visualisierung der Messwerte (Auswahl)

Literatur

Dräger T, Mayordomo I, Bernhard J (2012) Embedded "Structural Health Monitoring system for fiber reinforced composite structures with wireless energy and data transmission". In: 16. GMA/ITG-Fachtagung Sensoren und Messsysteme

Kostenanalyse Gesamtbodenmodul

8

Maximilian Hardt und Peter Middendorf

Bei der Entwicklung funktionsintegrierter Bauteile aus Faserverbundkunststoffen sind, neben den technischen Herausforderungen, auch die wirtschaftlichen Rahmenbedingungen von großem Interesse. Im Rahmen des Projekts LeiFu wurden die Herstellkosten verschiedener Komponentengruppen berechnet. Inhalt der Bewertung Leichtbaukosten ist eine Analyse der Kostenstruktur des LeiFu-Bodenmoduls. Hierzu werden in einem ersten Schritt die betrachteten Bauteilumfänge sowie die seriennahe Prozesskette zur Herstellung des Bodenmoduls erläutert. Auf Basis dieser Daten erfolgt die Kalkulation der Herstellkosten der einzelnen Komponenten sowie des Gesamtdemonstrators Bodenmodul. Die Analyse der Kostenstrukturen schließt mit der Zusammenfassung der gewonnenen Erkenntnisse zur Wirtschaftlichkeit ab. Angaben zu den Herstellkosten weiterer funktionsintegrierter Komponenten, wie beispielsweise dem Demonstrator Energiespeicher (vgl. Abschn. 7.5.2), finden sich in den entsprechenden Abschnitten wieder.

8.1 Grundlagen der Kostenanalyse

Eine Übersicht des LeiFu-Bodenmoduls ist in Abb. 8.1 dargestellt. Die Abbildung zeigt die für die Kostenanalyse relevanten Bauteile bzw. Modulgruppen auf und ordnet sie, in Abhängigkeit ihrer Geometrie, unterschiedlichen Kategorien zu. Dementsprechend sind

M. Hardt (✉)
Daimler AG, Böblingen, Deutschland
E-Mail: Maximilian.hardt@daimler.com

P. Middendorf
Institut für Flugzeugbau (IFB), Universität Stuttgart, Stuttgart, Deutschland

© Springer-Verlag GmbH Deutschland, ein Teil von Springer Nature 2020
M. Hoßfeld und C. Ackermann (Hrsg.), *Leichtbau durch Funktionsintegration,*
ARENA2036, https://doi.org/10.1007/978-3-662-59823-8_8

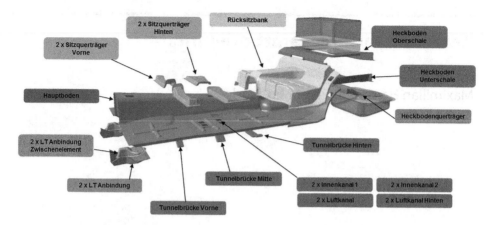

Abb. 8.1 Übersicht Bauteilumfang Demonstrator Bodenmodul

Bauteile ähnlicher Geometrie in der gleichen Farbe dargestellt. Insgesamt werden somit 16 unterschiedliche Bauteile bzw. Bauteilgeometrien in der Analyse berücksichtigt.

Für die korrekte Kalkulation der Herstellkosten sind spezifische Informationen des Herstellungsprozesses notwendig. Als Fertigungsverfahren für das LeiFu-Bodenmodul wurde das sogenannte Harzinjektionsverfahren (Resin Transfer Moulding, RTM) gewählt. Beim RTM-Verfahren handelt es sich um etabliertes Verfahren zur Herstellung lang- und endlosfaserverstärkter flächiger Bauteile. Nach Hopmann und Michaeli (2017) kann das Verfahren in vier grundlegende Prozessschritte unterteilt werden:

- Werkzeugvorbereitung
- Harzinjektion
- Aushärtung
- Entformung

Ergänzend zur eigentlichen Bauteilfertigung im Rahmen des Harzinjektionsprozesses sind noch weitere Prozessschritte für die Vervollständigung der seriennahen RTM-Prozesskette relevant. Hierzu zählen die folgenden Schritte:

- Handling (Handhabung zwischen den einzelnen Prozessschritten)
- Preforming (Herstellung der trockenen textilen Verstärkungsstruktur)
- Harzinjektion (Eigentliche Bauteilfertigung im RTM-Verfahren)
- Endbearbeitung (Nachbearbeitung des Werkstücks, bspw. durch Fräsen)

Diese Fertigungsschritte bilden die Grundlage der Kostenanalyse. Pro Bauteil werden im Rahmen der Kostenanalyse bis zu vier verschiedene Fertigungsschritte betrachtet. Die Fertigungsschritte können wiederum in bis zu acht unterschiedliche Kostenkategorien (vgl. hierzu (LeichtbauBW GmbH et al. 2014)) untergliedert werden.

- Materialkosten
- Arbeitskosten
- Investitionskosten
- Energiekosten
- Flächenkosten
- Wartungskosten
- Endbearbeitungskosten

Das der Bewertung zugrunde liegende Stückzahlszenario geht von einer Produktions-menge von 100.000 Fahrzeugen, bzw. dementsprechend Bodenmodulen pro Jahr aus. Für die Materialparameter wurden folgende Annahmen angesetzt: Die Kosten der Carbonfaser-Spulen betragen 12 €/kg, des Carbonfasergeleges 19 €/kg und des Epoxid-harz 10 €/kg. Für den PUR-Schaum wurden Kosten von 7,25 €/kg angenommen. Der Verschnitt wird mit durchschnittlich 20 % berücksichtigt.

8.2 Bauteildaten

Um die relevanten Bauteildaten in der Kostenanalyse korrekt abbilden zu können, wur-den im Vorfeld entsprechende Datenstände aller Bauteile und Bauteilgruppen auf Basis der Konstruktionsdaten (CAD) erzeugt. Die Bauteildaten wurden zu diesem Zweck in die vier Kategorien Bauteilinformation, Aufbau, Bauteilgruppe sowie Fügepartner unter-gliedert. Für die Kostenanalyse sind insbesondere die Abmaße der Bauteile sowie die Angabe zu Material und Lagenaufbau relevant. Anhand dieser Angaben werden u. a. kostenintensive Faktoren, wie die benötigten Materialmengen oder auch die Anzahl an Produktionsanlagen und Handlings-Robotern abgeleitet.

   Exemplarisch sind die für das Bauteil Hauptboden-Oberschale generierten Daten-stände in Tab. 8.1 dargestellt.

8.3 Vorgehen Kostenanalyse

In diesem Kapitel erfolgt die Analyse der Kostenstrukturen sowie die anschließende Diskussion der Ergebnisse. Für die Kostenanalyse wurden die relativen Bauteilkosten bezogen auf das jeweilige Bauteilgewicht berechnet und nach den zuvor definierten Kostenkategorien aufgeschlüsselt. In einem ersten Schritt werden die Kostenstruktur des gesamten Bodenmoduls betrachtet und spezifische Kostensenkungspotenziale aufgezeigt. Im Anschluss daran erfolgt eine detailliertere Betrachtung der Kostenstruktur auf Basis der jeweiligen Einzelkomponenten. Die Kostenstruktur des gesamten Demonstrator Bodenmoduls ist in Abb. 8.2 dargestellt.

   Die maßgeblichen Kostentreiber des Bodenmoduls sind die Materialkosten mit einem Anteil von 75 % an den Gesamtkosten. Die Materialkosten setzen sich vor allem aus

Tab. 8.1 Exemplarischer Datenstand am Beispiel Hauptboden-Oberschale

Bauteilinformationen	Aufbau	Bauteilgruppe
Name Hauptboden-Oberschale	*Lagenaufbau UD* ($\pm45/0$)s	*Anzahl Preforms* 1 Stk
Länge 1630 mm	*Zuschnitt in pro Bauteil* 14 m^2	*Preformtypen* CF-Gelege/Gewebe
Breite 1400 mm	*Wandstärke* 1 mm	*Bauweise* Monolithisch (Schaumkern zwischen Ober- und Unterschale)
Volumen 0,0027 m^3	*Anzahl Lagen* 6 Stk	*RTM Bauteile in Stück und m^2* 1 Stk. und 2,28 m^2
Bauteilgewicht 4,158 kg	*Lagendicke* 0,16.667	*Anzahl im Zusammenbau* 1
Fasergewicht 5,5 kg	*Maschinenflächen* 9,218 m^2	*Zusammenbaugewicht* 4,158 kg
Bauteiloberfläche 2,722 m^2	*Länge Bauteilkontur (Beschnitt)* 6804 mm	
Bauteildichte 1540,0 kg/m^3		

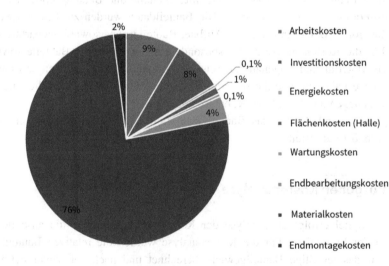

Abb. 8.2 Kostenstruktur Demonstrator Bodenmodul

den Rohstoffkosten für Harz und Fasermaterial sowie dem notwendigen Verschnitt für das Fasermaterial zusammen. Kostensenkungspotenziale lassen sich in diesem Bereich dementsprechend vor allem durch niedrigere Materialpreise oder den Einsatz alternativer Fasertypen realisieren. Um eine notwendige Reduktion des Verschnitts zu erzielen, erscheint es sinnvoll zukünftig noch stärker auf den Einsatz verschnittarmer Verfahren, wie bspw. Direktablageverfahren, zu setzen. An zweiter Stelle stehen die Arbeitskosten mit einem Anteil von 9 % an den Gesamtkosten. Eine Reduzierung dieses Kostenfaktors kann in erster Linie durch einen höheren Automatisierungsgrad des Fertigungsprozesses erfolgen. In diesem Kontext darf auch die Auslastung der Anlagen nicht vernachlässigt werden. Durch eine höhere Auslastung ließen sich die Investitionskosten, die einen Anteil von 8 % der Gesamtkosten ausmachen, auf eine größere Anzahl von Bauteilen umlegen. Folglich würde auch ihr Anteil an den Bauteilkosten sinken. Zusätzlich zu den genannten Punkten, ist eine Optimierung der Endbearbeitung als zielführend zu erachten. Durch Reduzierung der Standzeit, Erhöhung der Geschwindigkeit und Optimierung des Prozessablaufes, können Taktzeit und Durchlaufmenge erhöht werden.

Ergänzend zu den allgemeinen Potenzialen zur Kostensenkung liefert auch die detaillierte Betrachtung der Einzelkomponenten interessante Erkenntnisse. Analysiert man die Kostenstruktur auf Ebene der Einzelkomponenten wird ersichtlich, dass sich diese teils erheblich voneinander unterscheiden und dementsprechend auch die Gesamtkostenstruktur in großem Maße beeinflussen. Eine Übersicht der Kostenstruktur ausgewählter Bauteile zeigt Abb. 8.3.

Im Vergleich der einzelnen Bauteile untereinander lässt sich eine starke Abhängigkeit der Kostenstruktur von der Bauteilgröße bzw. des Bauteilvolumens erkennen. Exemplarisch sollen dazu das volumenmäßig größte Bauteil Hauptboden sowie das volumenmäßig kleinste Bauteil LT-Anbindung-Zwischenelemente verglichen werden. In der Kostenstruktur des Bauteils Hauptboden dominieren die Materialkosten mit einem Anteil von ca. 95 % an den Gesamtkosten. Die weiteren berücksichtigten Kostenarten Arbeits-, Investitions-, Energie-, Flächen-, Wartungs-, Endbearbeitungs- und Materialkosten machen dementsprechend in Summe nur einen Anteil von ca. 5 % der Herstellkosten aus.

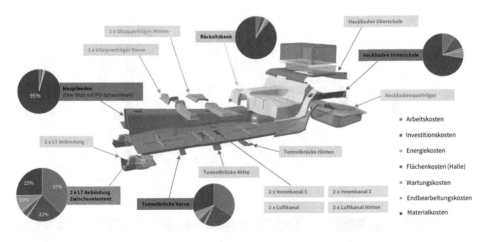

Abb. 8.3 Kostenstruktur ausgewählter Bauteile

Im Sinne einer wirtschaftlichen Fertigung stellt dies tendenziell die gewünschte Kostenstruktur dar. Materialkosten machen den größten Kostenanteil aus und die weiteren Kosten für bspw. Investitions- und Arbeitskosten lassen sich aufgrund der großen Stückzahl auf viele Bauteile umlegen und nehmen dementsprechend nur noch geringen Einfluss auf die Gesamtkosten des jeweiligen Bauteils.

Im Gegensatz hierzu machen die Materialkosten beim Bauteil Zwischenelement nur einen Anteil von ca. 25 % an den Gesamtkosten aus. Der weitaus größere Anteil an der Gesamtkostenstruktur setzt sich zusammen aus Arbeitskosten (37 %), Investitionskosten (22 %) und Endbearbeitungskosten (10 %). Dieses Verhältnis der Kostenstruktur lässt sich auf den erhöhten Fertigungsaufwand bei der Herstellung kleinerer, komplexerer FVK-Bauteile zurückführen. Aufgrund der komplexeren Bauteilgeometrie fallen insbesondere im Rahmen des Prozessschrittes Preforming hohe Kosten für den Zuschnitt und die Umformung des textilen Halbzeugs an. Da im Rahmen dieser Analyse die gewichtsspezifischen Kosten (€/kg) betrachtet werden, ist zudem zu berücksichtigen, dass auch das Gewicht des Bauteils einen erheblichen Einfluss auf die Kostenstruktur nimmt.

Die unterschiedliche Zusammensetzung der Kostenstrukturen der Einzelkomponenten beeinflusst folglich auch die Gesamtkosten des Bodenmoduls. In Abb. 8.4 ist die Zunahme der gewichtsspezifischen Kosten in Abhängigkeit des Bauteilvolumens aufgetragen. Dazu wurde das Bauteil mit dem günstigsten Verhältnis von Kosten zu

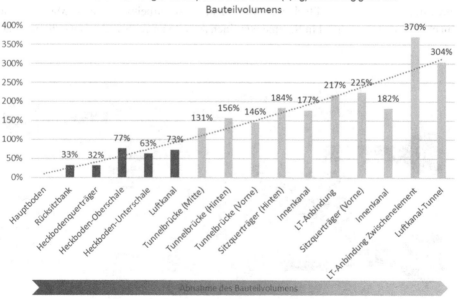

Abb. 8.4 Zunahme der gewichtsspezifischen Kosten (€/kg) in Abhängigkeit des Bauteilvolumens

Gewicht ausgewählt und als Bezugswert festgelegt. Dies entspricht dem Bauteil Hauptboden mit kalkulierten Gesamtkosten von ca. 18 €/kg. Bei diesem Wert ist zu beachten, dass etwaige Fügekosten nicht berücksichtig wurden und der tatsächliche Wert dementsprechend höher liegen kann. Die Angaben der weiteren Bauteile drücken die relative Zunahme der Bauteilkosten pro kg, bezogen auf den Bezugswert Hauptboden aus.

Wie anhand der Trennlinie erkennbar ist nehmen die gewichtsspezifischen Kosten mit abnehmenden Bauteilvolumen und steigender Bauteilkomplexität stark zu. Für die einzelnen Bauteile, wie bspw. der Anbindung Zwischenelement, liegen diese bis zu 370 % über dem Referenzwert des Bodenmoduls. Eine Kategorisierung der Bauteile kann somit, wie im Folgenden beschrieben, in zwei Kategorien erfolgen.

Unter Kategorie A werden Bauteile zusammengefasst, deren gewichtsspezifische Kosten weniger als 100 % über denen des Referenzwerts liegen und somit absolut unter betrachtet unter 40 €/kg. Hierzu zählen die Bauteile Rücksitzbank, Heckbodenquerträger, Heckenbodenober- und Unterschale sowie der Luftkanal. In Kategorie B fallen Bauteile deren gewichtsspezifische Kosten um mehr als 100 % über denen des Referenzwertes liegen und somit absolut betrachtet über einen Wert von 40 €/kg. Auch unter dem Aspekt der Funktionsintegration stellen diese Bauteile und insbesondere das Bauteil Hauptboden das größte Potenzial dar. Wie bereits in Abschn. 4.3 dargelegt, konnten durch die funktionsintegrierte CFK-Sandwich-Bauweise eine große Anzahl an Einzelbauteile eingespart werden. Dem ursprünglichen Aufbau des Hauptbodens aus über 30 Einzelkomponenten stehen im aktuellen Konzept nur noch drei Einzelkomponenten gegenüber. Hierin zeigt sich, dass die Vermeidung vieler kleiner Bauteile zugunsten einer Integralbauweise Vorteile hinsichtlich der Wirtschaftlichkeit aufweist.

Zusammenfassend lässt sich sagen, dass unter wirtschaftlichen Gesichtspunkten die Bauteile der Kategorie A potenzielle Anwendungsfelder für Faserverbundbauteile im Automobilbau darstellen. Für die Bauteile der Kategorie B liegen die Herstellkosten nach heutigem Stand auf einem zu hohen Niveau, als dass diese Bauteile wirtschaftlich in Großserienfahrzeugen einzusetzen wären. Dementsprechend sollte entweder das Ziel verfolgt werden, diese Bauteile konventionell zu fertigen oder im Sinne der Integralbauweise ein noch höherer Integrationsgrad angestrebt werden, wie er schon bei den Bauteilen der Kategorie A erfolgreich umgesetzt werden konnte.

Literatur

Hopmann C, Michaeli W (2017) Einführung in die Kunststoffverarbeitung
Leichtbau BW GmbH, Fraunhofer-Institut für System- und Innovationsforschung ISI, Fraunhofer-Institut für Chemische Technologien ICT, Fraunhofer-Institut für Produktionstechnik und Automatisierung IPA, Karlsruhe Institut für Technologie – wbk Institut für Produktionstechnik (2014) Studie – Wertschöpfungspotenziale im Leichtbau